本自具足，无须外求

[法]克里斯托夫·安德烈（Christophe André） 主编

赵飒 译

中国友谊出版公司

图书在版编目（CIP）数据

本自具足，无须外求 /（法）克里斯托夫·安德烈主编；赵飒译. -- 北京：中国友谊出版公司，2024. 11.
ISBN 978-7-5057-6016-5

Ⅰ. B821-49

中国国家版本馆CIP数据核字第2024Y2H898号

著作权合同登记号　图字：01-2024-5700

SECRETS DE PSYS. Ce qu'il faut savoir pour aller bien
by Christophe André (Ed.)
© ODILE JACOB, 2011
This Simplified Chinese edition is published by arrangement with Editions Odile Jacob, Paris, France, through DAKAI L'AGENCE

书名	本自具足，无须外求
作者	［法］克里斯托夫·安德烈
译者	赵　飒
出版	中国友谊出版公司
发行	中国友谊出版公司
经销	北京时代华语国际传媒股份有限公司　010-83670231
印刷	三河市宏图印务有限公司
规格	880毫米×1230毫米　32开 6.5印张　162千字
版次	2024年11月第1版
印次	2024年11月第1次印刷
书号	ISBN 978-7-5057-6016-5
定价	56.00元
地址	北京市朝阳区西坝河南里17号楼
邮编	100028
电话	（010）64678009

目录

前言 /001

第一部分　觉醒你的内在智慧

第一章　害羞、畏惧他人的目光与社交焦虑症　/002

第二章　痛苦、恐惧和焦虑症　/013

第三章　越来越常见的抑郁　/024

第二部分　觉醒你的内在愉悦

第四章　在工作中以身为女性而自豪，别处亦如是　/042

第五章　如何无惧衰老与死亡　/056

第六章　放松、冥想　/077

第七章　与过去握手言和，才能活在当下　/088

第三部分　觉醒你的内在平衡

第八章　自我揭露：欣赏自己的不完美　/098

第九章　由"不"引发的战争：应对成长中的叛逆行为　/111

第十章　与孩子沟通：爱、管制、倾听、尊重与理解　/135

第十一章　感同身受：情感同化是最好的沟通术　/147

第四部分　本自具足，无须外求

第十二章　我是如何调节工作中的紧张情绪的　/160

第十三章　积极应对来自别人的否定　/170

第十四章　长期的痛苦：能够赋予生命以意义的力量　/183

前 言

克里斯托夫·安德烈

> 人家应该要求我追求真理，但不能要求我一定找到真理。
> ——德尼·狄德罗《哲学思想录》

我不知道各位读者遇到过没有，反正我从来没有遇到过超人。事实上，我从来没有遇到过那种从没有遭遇过挫折的人，也没有遇到过毫无缺点和弱点的人。不过我倒是碰到过不少这样的人：他们表面上装得一切正常，但实际上过得一点也不好；或者那种大家都以为他活得很好，但实际上他的生活糟糕得一塌糊涂的人。

你们可能会说我的观点不太切合实际，毕竟真正活得很好的人不会来找我做心理咨询。事实确实如此。但是要知道，除了医院的诊室，我也能在其他地方探索人性呀！每当我近距离地接触别人时，或者当我听到某个人的亲朋好友谈论他时，我都会意识到，其实每个人都是天生就有缺点和弱点的。

久而久之，我归纳出了以下几点：一、每个人都是有弱点的；二、那些"活得很好"的人，都是能够与自己的弱点和平相处的人；三、一想到自己不是唯一一个在生活中有问题的人，心里就会舒服许多；四、我们应该关注一下别人是如何解决自己的问题的。

心理医生也有"病"

显然,心理医生同样难逃此劫。他们也一样,有自己的困难和苦恼,也会有意志消沉的时刻。心理医生中的一些人也曾患过抑郁症,或者嗜毒癖,有的人还曾有过一段痛苦的童年,或者产生过自杀的念头。但心理医生能意识到自己的问题,是因为他们会去和同事谈心,相互帮助,相互给予建议,相互照顾。

但是在很长一段时间里,没有人讨论过,心理医生是否一定比自己的患者活得好,最多也只是开一些诸如"这帮心理医生跟他们的患者一样都是疯子"之类的玩笑,其实这个玩笑是逃避"认真对待这个问题"的一种形式,于是玩笑就成了不再往下讨论的理由。不过话说回来,医生和患者的共同点确实是一个很有意思的话题。

我是一名心理医生,记得几年前,在一次精神病学大会期间,我和同事们组织了一个讨论心理医生与患者之间关系的座谈会。我们还邀请了一些患者来参与讨论。不过在当时,这种情况并不多见,很多同事都觉得这样和患者坐在一起是件很尴尬的事,甚至有时会对这种情形产生敌意。然而我却认为,这样的会面利远大于弊。

在当时的会场中,刚好有一位目光稍显呆滞的先生举起手来,用一种激愤的语气问了一个十分冗长且让人无法理解的问题。一些人露出了或会意或同情的微笑:"谁让你们邀请患者参加座谈会来着?这下好了吧……"但是在座谈会结束后,那位先生找到我,仍然是一脸的激愤,向我解释他不是患者,而是一名心理医生。怎么说呢?我确实为那位先生感到恼火,但同时我也感到欣慰,并更加相信患者和心理医生之间的距离远比人们想象的小多了!而且我也更加相信这其实不是什么值得担心的事情,当然了,我是说在某些条件下……

好的心理医生应该具备哪些素质

一名好的心理医生应该具备哪些素质呢？当然，要做一名好的心理医生，首先不可或缺的就是专业知识，因此相应的文凭就显得尤为重要。另外，患者要敢于向医生询问他获得过什么专业的文凭（应用心理学、精神病学、基础医学等），他要使用何种治疗方法，以及这种方法具体分为哪些步骤。一名合格的心理医生肯定会耐心地回答患者的问题，并解释他的工作流程。治疗方法并不是指简单地倾听和用正确的价值观去引导患者，它是一整套治疗手段，是一门技术，包括通过科学研究而归纳出的基本知识，以及从其他心理医生那里借鉴来的经验等。

一名好的心理医生，还要具备这样一个条件：面对患者时，自己的情绪不能太差。当然了，医生在治疗患者的时候，自己有可能正处于一种精神紧张、沮丧或者情绪混乱的状态。在这种状态下给患者看病，肯定不会有太好的效果。

尼采曾写道："很多人不能挣脱自己的枷锁，却能做他的朋友的解放者。"但这个道理用在心理医生身上并不太合适。如果一名心理医生酗酒的话，那么他去治疗酒精上瘾的患者就是不道德并且具有欺骗性质的行为；一名本身就极度抑郁或者时常会精神紧张的医生去治疗焦虑或者抑郁的患者，也是同样的道理。

我记得一则关于一位著名的精神分析学家的小故事：有一天他去一个离家很远的大城市做关于恐惧症的讲座。其实他本人就是一名彻头彻尾的恐惧症患者，邀请他去做讲座的同僚们不得不随时陪在他身边，以防他惊恐发作，并且这些同僚对这种讲座内容和实际情况之间的巨大反差感到十分困惑。我们当然不是要求心理医生必须拿到一份证明其心理健康的证书才可以行医，但至少他们应该首先克服自己的弱点。世界上最权威的双相情感障碍①（躁郁症）专家之一就患有这种疾病。她在自己的一部很感人的作品②中毫不掩饰地谈到了这个问题。她讲述自己为了不被这种疾病拖垮，是如何进行自我治疗的，以及这个弱点是如何让她的生活变得复杂和充实起来的。这部作品的亮点并不是她的疾病，而是她的自我治疗过程。我们由此看出，心理医生要以身作则，不但要做身心健康的典范，更重要的是做知道如何调控身心健康的典范。

一名好的心理医生，最后的一个条件也是最有意思的条件：对于他们来说，经历过困难并且最终解决，是一件大好事。这能使他们更容易做到感同身受——自己亲身经历过痛苦，才能更理解别人的痛苦。我用了"更容易"这个词，是因为除了亲身经历以外还有其他途径可以让医生做到这一点，但是自己经历过痛苦并战胜了痛苦，这种经历可以让医生掌握处理此类情况的技巧。同时，这也能提醒医生要时刻保持谦虚并理解那些面对问题选择沉默的患者的难处。除了必要的知识以外，经历过各种不同心理问题的医生还具备了一种特别的技巧——经验。有时，经验对他们来说就是捷径：他们会把自我治疗时用到的方法推荐给自己的患者，因此他们的疗法也是有理可循的。这并不是一种优势（从人格上来讲），而是一种成功经验（从步骤上来讲）。

为什么选择这本书

这本书讲述了很多位心理医生面对心理问题时的亲身经历，其中

---

① 指既有躁狂或轻躁狂发作，又有抑郁发作的一种心境障碍。

② Kay Redfield-Jamison, *De l'exaltation à la dépression. Confession d'une psychiatre maniaco-dépressive,* Paris, Robert Laffont, 2003.

有些问题是我们大部分人身上十分常见的，比如精神紧张、焦虑以及抑郁。当然，像嗜毒癖和虐待这样严重的心理问题，会更影响情绪的稳定性。在本书中，心理医生们会向读者阐述这些问题，尤其会给予读者解决这些问题的建议，另外还会介绍避免重新陷入这些问题的方法。而且，本书中还会介绍，在医生们遇到心理问题时，他们是如何处理并做到长期把控自己的情绪的。唯有把控自己的情绪，他们才能全身心地投入工作当中去。医生自己的心理健康对治疗患者的心理问题来说是一种有力的帮助。一名心理医生在倾听、情感同化及对患者的支持等方面的能力都是要以保持良好的情绪为基础的。

各位读者在书中可以看到一些具体建议，且心理医生们已经通过自身的经历验证过这些建议的实用性。需要注意的是，书中的心理医生对读者来说并非要起到榜样的作用，他们扮演的更应该是抛砖引玉的角色。他们曾犯过错误，曾脆弱过，但他们将自己在书中推荐的方法用在了自己身上，因此他们的例子更能激励和感动读者。不过从某种角度来说，他们可以算是起到了兄长一般的榜样作用：他们是和读者们处在同一起跑线上的，只是跑得比各位快了一点，并很乐于传授自己的经验。

你能做到吗

看到我的一些同僚——他们中有些人还是我的朋友——能够分享自己从来没有谈过的心理问题，我很激动，也很感动，我想你们看了他们的故事以后也会有同感。能在这本书中敞开心扉的心理医生都是十分诚实和勇敢的，正如那些向我们倾诉自己的痛苦、失败、耻辱和恐惧的患者。这些医生向我们展示了他们对抗心理问题的方法，和我们共同努力，共同进步。

另外，在阅读这些医生的故事时，我曾自问：我能做到吗？我以为自己只会满足于写一篇平淡的序言而已，但我发现那样做的话我就变成了裹足不前的懦夫。其实我毕生都在研究自己的缺点，几乎可以独立完成这本书的撰写了。朱尔·勒纳尔[1]在日记中提到，他把自己的缺点给"中和"了。我觉得自己身上就有很多这种"中和"的缺点！另外，我也觉得这种将缺点"中和"的尝试是非常有趣的，对我自己来说也是很受用的。不过革命尚未成功，同志仍须努力呀！

就拿去年夏天来说吧，全家度假归来后，我发现我的摩托车坏了，我的电脑在一些重要紧急的数据还没保存时就死机了，冰箱也坏了，里面的食物就更别提了……我深知这都不是什么大事，毕竟只是东西坏了而已，可我还是用了好几天才让自己的心情平复下来。我的妻子和女儿们用稍带嘲笑的眼神看着我，说道："你可是研究精神紧张问题和冥想的专家级人物啊，竟然会被这些小事刺激成这样？！"（由此可见，心理学研究中通过患者的亲朋好友得到的信息是不可靠的：我哪里有被刺激成这样？）我当然有反驳她们的理由。我向她们解释说，在我成为心理医生之前，碰到这种事，我的状态会更加糟糕。而现在，我的不适感持续的时间已经短了许多，而且这种沮丧和不适的阶段一旦过去，我的生活就会很快步入正轨。

曾经，我为自己在专业方面——至少是理论方面没有做到最完美而感到苦恼。那时，我有一种挥之不去的感觉，觉得自己是个表里不一的骗子，正如亚历山大·若立安[2]在其一部自传体作品中说到的那样："我钻研和平，却生活于混乱之中。[3]"而如今，我的立场变得简单了许多：我赋予了自己脆弱和不完美的权利，同时，面对这些弱点，我也要求自己不消极、不纵容。对待患者，我以身作则：接受自

---

[1] 朱尔·勒纳尔（1864—1910），法国作家。
[2] 亚历山大·若立安（1975— ），瑞士作家、哲学家。
[3] Alexandre Jollien, *Le Philosophe nu*, Paris, Seuil, 2010.

己的弱点，然后克服它们。我一直在不懈地努力着，不断地接受着真正的自我……

在我做心理医生的职业生涯中，我的朋友们一直通过以下三种方法帮助我：通过教我自我暗示来克服害羞，通过认知疗法来帮我克服焦虑倾向，通过教我正念冥想来克服抑郁倾向。在这里，我十分感谢这些领域的导师：自我暗示领域的马德莱娜·布瓦韦尔和马里·博德里[1]，认知疗法领域的艾薇·布莱克本和让·科特罗[2]，以及正念冥想领域的辛德尔·塞加尔[3]和乔·卡巴金[4]。掌握了这些技巧以后，我变成了一个不一样的人，变成了我想变成的人，比之前的那个我要好得多……也许正因为所谓的"亲身经历"，不少心理医生都很"依赖"自己的疗法，甚至不能接受别人对自己疗法的质疑，这一点体现在最近几场"心理医生之战"[5]中：这些心理医生都从自己的疗法中获益匪浅，都在为自己的治疗方法辩护。作家兼精神分析学家菲利普·格兰贝尔曾这样写道："精神分析学的任务不在于治病，而在于救人。"一名心理医生，无论他属于什么学派，总是很难接受针对挽救他自己的心理疗法的质疑（看，这也是评判其他的心理医生在自我治疗方面的一条标准，各位读者可以试着质疑一下你们的心理医生的疗法）。

---

[1] Jean-Marie Boisvert et Madeleine Beaudry, *S'affirmer et communiquer*, Québec, Éditions de l'Homme, 1979.

[2] Ivy Blackburn et Jean Cottraux, *Psychothérapie cognitive de la dépression*, Paris, Masson, 1988.

[3] Zindel V. Segal et coll., *La Thérapie cognitive basée sur la pleine conscience pour la dépression*, Bruxelles, De Boeck, 2006.

[4] Jon Kabat-Zinn, *Au cœur de Ja tourmente, la pleine conscience*, Bruxelles, De Boeck, 2006.

[5] Voir Catherine Meyer, dans sa préface de la nouvelle édition du, *Livre noir de la psychanalyse*, Paris, Arenes, 2010.

感谢

  我不仅要感谢我的导师,也要感谢我的患者。多亏了他们,我才能时常进行自我练习:当我组织患者进行集体冥想时,我会和他们一起冥想;当我和他们一同反思他们的生活时,我也会反思一下自己的生活。他们的问题总能启发我思考自己的问题。理解了他们,我便也理解了自己;帮助了他们,我便也帮助了自己;治愈了他们,我便也治愈了自己!

  此外,当那些比较了解我的"老病号"对我说"大夫,您今天看起来精神不太好"的时候,如果事实果真如此,我一定坦然承认。这也算是帮了他们一个忙:显然,心理医生的心情也会有好有坏。这世上的人分为两种,但并不是以强弱区分,也不是以有无心理问题区分:这两种人分别是目前有心理问题的人和曾经有心理问题的人,或是能够面对并克服心理问题的人和正在学着这样做的人。和别人讨论自己的问题以及自己克服问题的努力过程,在我和撰写这本书的其他同事看来,这样做是很有帮助的。

  希望这对你们也能有所帮助……

第一部分

觉醒你的内在智慧

接纳你的情绪,而非放大你的问题。我们本身就有解决问题、成长和进步的潜力。通过自我觉察、反思和学习,我们可以挖掘和发挥出这些内在的智慧与能力,而不必完全依赖外部的指导或他人的认可。

第一章　害羞、畏惧他人的目光与社交焦虑症

斯特凡那·鲁瓦　心理学家、心理医生，就职于布尔日的乔治·桑医疗中心，与热拉尔·马克龙共同著有《如何克服害羞》（2004年，奥迪尔·雅各布出版社）。

对于害羞的人来说，即便他的情况随着治疗有所好转，但让他在别人面前谈论自己始终不是一件易事。在打开笔记本电脑之前，我曾长久地思考这一章该如何下笔，该写些什么。无数个问题一下子涌进了我的大脑，比如：要怎么写才能生动有趣？哪些内容读后能让读者在他们的性格培养之路上得到启发和帮助？

我一坐到电脑前，事情便明朗了许多：谈论自己，毫不畏惧地展示自己，接受自己。仅此而已。正是出于这些目的，现在，我以一个心理医生的身份敞开心扉，来和各位聊一聊。

我是这样开始自我贬低的

从我记事时起，我就一直是个很害羞的人。虽然没有害羞到无法交友或者无法参加集体活动的病态地步，但总归是能被他人察觉到。那时一旦要发表我自己的意见，或者在和初次见面的人谈话，那种害羞就会让我惊慌失措。和女孩交谈绝对是最让我手足无措的一件事。不过人的记忆有时会很古怪，如今我很难回忆起我最初几次表现出害羞时的细节，然而我还是渐渐回想起我人生中的一个插曲，而且我发现这个插曲

对我的影响之大，是我未曾料到的。

小学时期

那时我八岁左右，是巴黎一所小学里的一名普通学生。我的老师并不严厉，然而他那件过时的外套以及他的大手和大嗓门却令人生畏。他经常把我们叫到黑板前回答问题。我很清楚地记得当时为了躲避老师的提问，我能想到的所有小伎俩：躲在别的同学身后，假装弯腰捡东西，申请去卫生间，甚至祈求上帝让老师别叫到我。可是那一天，这些伎俩都没有奏效，老师叫的恰恰就是我。

在听到我的名字的那一刻，我心跳加速，双手颤抖，满脸通红。我来到黑板前，站在老师身边。他向我提问，而我的脑子里却是一片空白。我就像瘫痪了一样，什么也说不出来。我几乎听不懂他的问题，身体里好像有一座火山，要喷发却不能喷发。由于我看上去一副很不好受的样子，老师便让我在同学们吃惊而嘲笑的眼神中回到了座位上。

初中时期

过了几年，我十四岁了。那个学年末，学校照例组织了一次运动会。我没有向老师报名参加任何一项比赛，也没有老师要求我去参加任何一项比赛，可最后我却在赛场上被推举做了手球比赛的守门员。我在这方面一窍不通，但总要有人去做守门员。而那个守门员就是我！简单点说，那天晚上我守卫的球门被不停地贯穿，次数都能载入史册了。这个成绩固然不会永远存在于大家的记忆当中，但我坚信这是我年少时最屈辱的几幕之一。当时我既愤怒又伤心，既希望比赛赶紧结束又害怕结束后会发生的事情。中场休息时，我带着羞愧和屈辱跑到卫生间躲了起来。我当然恨所有人，但我更恨我自己。技不如人是我最大的痛处，而且我是自作自受。就是从那天起，都不用别人贬低我，我自己就开始贬低自己了。

在自我发现与自我揭露之间

几年过去了，我拿到了心理学学位，靠着不懈的努力和一点点的运气，我有幸进入了巴黎一家享有盛名的医院，在科室里专门治疗社交焦虑症。我深知这个机会来之不易，于是在导师的监督下开始研究社交恐惧症的小组治疗法。

我是很久以后才发现（在学生时代，我从未听别人明确地指出过这个现象），很多人在不同程度上都有着和我一样的症状：回避他人、经常脸红、自我贬低、缺乏自信，等等。这些症状有个共同的名字：社交焦虑。我迫不及待地投入了对这个问题和备受其困扰的人群的研究。这一切让我回想起了我自己和别人相处时所反映出来的问题。在帮助别人的同时，我也在发现自我、帮助自我。

我如何在帮助别人的同时帮助自己

我是一名接受过专业教育的心理学家和心理医生。顾名思义，心理学家是接受过五年专业教育的研究心理学的专家。简单来说，心理学就是研究人类心理和行为的科学。研究心理机制的心理学家可通过心理治疗用自己所学的知识帮助那些希望更好地了解自己的人。至于心理治疗，是一种个性化的治疗体系，每个患者都会得到针对自己的唯一疗法，心理医生会竭尽全力帮助患者摆脱心理问题，治疗的最终目的是让患者能够带着自信与他人谈论自己的日常生活、病症、交际方面的困难以及对未来生活的规划。不少心理医生和心理学家都接受过关于心理治疗的额外培训。另外，心理治疗也分很多流派，因此当你们接受心理治疗时，一定要问一下你们的心理医生他所接受的培训的详细内容。

几年来通过治疗患有社交焦虑症的患者，我自己学会并积累了一些小窍门。这些小窍门绝不是现成的包治百病的药方，而是这个药方中的几味药材。这些是我同时作为一名心理医生和一名害羞的患者通过经验积攒下来的成果。

当然，走向好转与痊愈的道路仍然漫长而坎坷。我平时用在自己身上的这些建议如果能帮到你们，那么我的目的也就达到了。以下是我认为应首先了解的关键问题。

了解自己的困扰

对于非专业人士来说，如果没有人向他明确解释的话，有时他不太清楚自己到底存在着怎样的困扰。我经常碰到这样的患者，他们从自己的主治医生那里出来以后仍然不明白自己的问题所在，无论是生理问题还是心理问题。当然了，他们也不敢问，因为怕惹恼了医生！所以我认为，我们还是应该先明确几个概念。我自己也在很长一段时间里难以用语言描述自己的困扰。

在精神病学中，"害羞"一词等同于"社交焦虑"，不过这两个词的意思并不是完全相同的。"害羞"这个词是中性且广义的，它包含很多不同的意思，这些意思都与自尊、社交能力、自我暗示能力、性格、肢体语言等有关。因此，害羞是人类很基本的一种感情，我们每个人都会有害羞感，但并不是都会达到病态的程度。

社交焦虑是只在人与人之间交流时才会产生的一种特殊焦虑。总的来说，我们通常根据轻重程度把社交焦虑分为两大类：害羞和社交恐惧症。

害羞为程度较轻的社交焦虑，只出现在某些特定的社交场合，如与初次见面的人进行交谈时。害羞作为一种性格特质，会让人畏缩不前，避免出头露面或者主动做些什么事情。这种社交抑制的行为尤其会出现在与陌生人的交流过程中。一旦谈话对象使人感到安心或者亲切，害羞的人便会恢复正常的社交能力，交谈时也会更加自在。

社交恐惧症是非常极端且严重的社交焦虑。患者会表现出极度无法控制的恐惧，他惧怕别人会对自己做出负面的评价。社交恐惧症通常发生在当众讲话或者表达不同意见的情形下，患者十分惧怕这些情形，会想尽一切办法逃避这些。渐渐地，患者会对自己的生活方式做出调整，以彻底摆脱遭遇这些让他们极度焦虑的情形。

无论是害羞还是社交恐惧症，这些症状都特别恼人。对于我来说，最尴尬的情况莫过于脸红了。可脸红到底是什么意思呢？脸红是很正常的反应，所有浅肤色的人都能表现出脸红。从生理上来讲，很简单，脸红就是面颊部位毛细血管扩张的结果：血液在皮肤下变得更加可见，同时脸颊部位的温度上升。这种反应是自然而然发生的，几乎无法控制，它与人的情绪密切相关。因此，脸红只是一种机体反应，问题不在于我们会脸红，而在于我们能否接受自己脸红。正是这个问题的存在使得很多害羞的人都为脸红所困扰，因为脸红被看作软弱、局促和羞愧的表现。所以绝对不能脸红！

直面恐惧：慢慢地接近它

在心理治疗过程中，我经常向社交焦虑患者推荐这种自我揭露法，我自己在日常生活中也常这么做。

有人告诫我，恐惧挡不住危险，更何况危险也不总是在一开始就显现出来。然而，在遭遇对我们产生强烈冲击甚至是让我们感到惊恐的事情时，我们会自然而然地想要逃跑或者回避。我在很长一段时间里都是这样：不去参加生日聚会；尽量避免只和一个朋友单独在一起，因为我害怕找不到话题会冷场；从不发表自己的看法，因为怕说蠢话……当然，你们会说，任何人都有过避免类似情形发生的经历。但我在这里所说的，是一种常态，一种出于恐惧而形成的生活模式。

很不幸，回避的结果和我们的初衷完全相反，我们越逃避某种情形,这种情形对我们来说就越难以攻克。用我们的"行话"来说,回避会加强恐惧。

不过回避并不是命中注定的必然。谢天谢地!从回避到直面,这里有一些非常有效的办法。所谓直面,就是以一种缓和的方式去面对自己所惧怕的情形。"缓和"这一概念是很重要的,我们并不是要和那些情形硬碰硬。

如何自我揭露

想要有效地依照自己的节奏去自我揭露,就要遵循以下几条规则:

将自己暴露于某种选定的情形下,并坚持足够长的时间,直到不适感降低50%以上。如果一开始觉得这样做有些难度,那么可以先坚持几分钟,之后再重复几次,每次坚持的时间都更长一些。我记得有一位名叫热罗姆的患者,他是一家大型土木工程公司的人事部经理。他来找我是因为他不敢在工作会议上当众发言。他最初几次是通过组织仅有一至两名同事参加的会议来锻炼自己,尽量拉长会议的时间,直到他的焦虑情绪降低了50%以上,他才会结束会议。之后他又进行了多次训练,逐渐延长会议的时间,以及增加与会的人数,最后他终于克服了自己的问题。

自己感到能够很好地掌控这种情形后,还是要尽可能多地接触这种情形,以彻底消除焦虑情绪。就像学骑自行车一样,要经过数次练习才能掌握好平衡。自信不但源于自身水平的保持,也源于不断重复的训练。每次重复同样的练习,效果会比在一开始就高标准地要求自己要有效得多。

在进行自我揭露后,最好在该情形中多待上几分钟,以确认自己的焦虑情绪没有反弹。如果出现了反弹,可延长自我揭露的时间,直到焦虑情绪降至合适的程度。

自我揭露需要一个完整的过程。也就是说，要十分清楚自己所处的情形，不要强迫自己想其他事情，也不要强制让情形变得不那么让自己焦虑。不要躲避对方的目光，也不要掩饰自己的情绪（如佩戴太阳镜、化浓妆、饮酒、掏手帕或者看手机等）。

不要强迫自己。如果觉得实在无法掌控这样或那样的情形，那么千万不要勉强自己，可以重新排列一下自己害怕的情形的顺序，从不那么容易引起焦虑的情形开始练起。练习的关键不是要马上见效，而是坚持不懈的过程。

要有耐心。想要有显著的改变，需要一定的时间，哪怕这是个漫长的过程。我们的"坏"习惯很可能是年深日久的，所以不会短期内就根除。要想进行自我鼓励，就要注意到自己在练习过程中的每一次进步，即便是在自己看来很小的进步，也要关注，并为此感到高兴，因为别人肯定不会替自己高兴的。这样一来自己就会感到自豪。另外，可以将今天自己的表现与前几天或者前几周进行对比。经常通过这种方式来自省，可以使自己认识到自己的进步，还可能达到对自己更加宽容的目的。

自我肯定

害羞使自己在他人面前无法自我肯定：不敢提问，不敢说"不"，无法提出或接受意见和建议，无法接受别人的赞美等。

惧怕看到他人的反应

我在很长一段时间里无法在生活中进行自我肯定。原因很简单：如果我要展现自己，那就必然要面对他人的反应，而我又害怕对方的反应是负面的，所以我选择沉默。自我肯定能力的缺失源于怕被别人否定甚至侵犯的想法。无法进行自我肯定的恶果，使我深陷在了这样一种急剧负面的状态之中：我害怕被人否定，害怕不被人所爱，担心别人的反应，于是我干脆不去自我肯定，于是我什么也得不到，于是我无视自己的需求，于是我不尊重自己，于是我无法自信，于是我怀疑自己的能力，于是我就更不去自我肯定了。

和平时大家的猜测正好相反，自我肯定是后天习得的一种能力。它非先天生成，而乃后天变成！[1]但说到底，自我肯定是什么意思呢？

自我肯定，在于交流

想要学会自我肯定，良好的交流能力是必不可少的。狭义上来说，交流就是一种与谈话对象建立联系的意图。当我在回答对方的问题时，我就是在和对方交流，即便我没有回答，这也是一种交流。总之，我们不可能不和别人交流！因此，自我肯定可以被视为一种向别人表达自己的需要、渴望、欲求以及自身价值的能力，而且要做到在表达时完全没有焦虑情绪，并尊重对方的身份和意愿。

这几年来，我围绕着"害羞"及其治疗办法——自我肯定法——这一课题进行了大量的阅读和研究。如果要在这里把所有的自我肯定的技巧都陈述一遍的话，会让各位读者感到难以消化。那么我把一位研究这方面问题的顶级专家归纳总结出来的一套方法介绍给大家，这套方法适用于各种需要进行自我肯定的情形。好了，不卖关子了，这个方法叫作JEEPP。

JEEPP

JEEPP使用了如下几个词的首字母：

J即"我"[2]。自我肯定时说的第一句话以"我"开头："我想，

---

[1] 该句套用了波伏娃在《第二性》中的名句："女人非先天生成，而乃后天变成"。

[2] 法语中"我"为je。

我很看重，我希望……"

E即"情感同化"[1]。对话时考虑对方的感受："我明白你的意思，不过我还是想……"

E即"情绪"[2]。包括你自己的情绪："我也不想这么坚持"；以及对方的情绪："我知道这会让你有些难堪……"

P即"明确话题"[3]。直接切入正题："我希望你能把我那15欧元还给我。"

P即"坚持"[4]。要像卡碟了一样重复同样的一句话，中间可以穿插情感同化性质的语言："不，我知道你现在很穷，但我希望你能把我那十五欧元还给我。"

最后以积极的方式结束对话："如果这周还不了，那就下周吧。感谢你能努力还钱。"

以上这种方法的好处就在于你可以独自练习。重复几次以后，就可以实战了。但在此之前，要做好精神准备迎接失败、否定的回答以及对方毫无同感的举动。要时刻记住，你有提出要求和进行赞美或批评的权利，同样，对方也有拒绝的权利，这并不是对你或者对你的地位的一种质疑。你的言谈举止并不会完全反映出你的本质和你的深层价值。想想这一点，它可以使你不那么夸张地在乎交流的重要性和你所害怕的那些诸如否定、批评、抛弃等结果。

---

[1] 法语中"情感同化"为 empathie。
[2] 法语中"情绪"为 emotions。
[3] 法语中"明确话题"为 précis。
[4] 法语中"坚持"为 persistance。

一个受益匪浅的比喻

在这一章结束之际，我前所未有地感觉到了自己所做的努力：向他人揭露自己，将自己的害羞的表现完全展现出来。对于害羞的人来说，还有什么能比主动将自己的问题暴露在他人眼前更困难呢？这其实也是最后一步，接受自己的优点和缺点，并时常提醒自己：我是个不错的人。

在这一章的结尾，我想给大家做一个比喻。我经常向我的患者这样比喻，他们都觉得受益匪浅：

"想要摆脱害羞情绪，有一个办法，就是将它看成一座山。你站得离山很近的时候，会觉得它大得让你感到压抑。你可以想象一下自己钻进一辆车里，朝远离山的方向开去。当你开到足够远的地方时，下车，转过身去看向那座山，那么山就显得不那么压抑了。处在这样一个较远的位置，你就可以设想一下翻过那座山的各种办法了。你可能会看到山的一侧有一条路，也可能会看到山底有一条隧道。但说到底，在那样远的位置看来，'害羞'这座山是不那么压抑的，同时你还能意识到，你的恐惧和焦虑情绪也变得不那么严重了，其他的负面情绪甚至都可能消失了，即便是还有些负面情绪，在这样的位置，其程度也慢慢减轻了。一切都会简单起来，没有什么是不可能的。"

害羞是由几个部分组成的（害怕、自我贬低和回避行为）。如果把它们看作要达到和超越的目标的话，那么它们便具有了积极的意义。从一种可能稍有争议的角度来看，如果我们能够这样去想的话，就会意识到一帆风顺的生活是多么无聊。其实影响并破坏我们日常生活的是比较深层的害羞，我们可以将自己和自己的行为拉开一段距离，以控制这种深层的害羞。另外，通过采用本章中介绍的方法以及将害羞的程度进行分级，我们完全可以把自己的害羞程度降低到正常水平。一旦趋于正常，我们就可以摆脱使人瘫软的焦虑情绪，并在保持倾听和情感同化能力的基础上，发现与人进行交流和分享时的乐趣。学着让别人欣赏你的特质吧，但不要为得到欣赏而刻意迎合他人。

第二章　痛苦、恐惧和焦虑症

洛朗·施耐维斯　精神病医生，焦虑症专家。在奥迪尔·雅各布出版社出版的主要著作有《焦虑》（2000年）和《克服恐惧》（2005年）。

几个月前，我去拜访了一个叫吕克的皮肤科医生朋友。他不但是我最好的朋友之一，也是我的私人医生。这几年来我的面部经常出现角化病变，吕克一直尽职尽责地用液氮帮我治疗病变。角化病变属于良性病变，通常是由皮肤过度暴晒引起的，但是几年之后可能会恶化成癌性病变。这个词一冒出来，相信各位读者都会浑身一颤，用一个更具概括性的词语来说，那就是癌症。

对疾病的焦虑是如何形成的

像所有医生一样，我也知道，有些恶性皮肤肿瘤的入侵性并不强（如基底细胞癌），有些则很强，首先便是恶性黑色素瘤和鳞状细胞癌。所谓的入侵性，指的是癌细胞在人体内转移扩散的能力，而癌细胞一旦发生转移，肯定就是恶化的征兆。

这次病变不寻常

几周前，我的鼻子上出现了一块病变，我以为是角化，于是决定去找医生。那是在圣诞节的前几天，不久后我就要去雪山度假了。像往常一样，我以为吕克会用液氮冷冻法处理，也就是五分钟的事儿。

但事情并没有像我想象的那样简单。吕克说："你去度假吧。等你回来以后，我会给你做一个活组织检查。这次不是什么紧急情况，也不严重，不过我还是想再确认一下。"

在那一刻和接下来的两周时间里，我并没有产生焦虑情绪。我想，吕克只是表现得比较谨慎而已，最终的结果肯定还是进行和往常一样的治疗：液氮冷冻。

两周后，我又来到了吕克的诊室。我进行了活组织检查，但结果并不像我想的那样。吕克切开了病变部位，取了一小块样本，放进一个小瓶子里，封好了瓶口，然后开始填一份送检的单子。快填完的时候，他抬眼看了看我，说道："还是要确认一下这块病变是不是鳞状的。"

我当时被吓呆了，回家以后我才发现心里有多么焦虑：我感到胸闷气短，心跳明显加快，背后直冒冷汗。于是我把平时指导患者的方法用在了自己身上。

敢于接受自己的情绪

我只是观察了一下焦虑对自己引起的机体反应，并没有试图抑制它们。我对自己说，像所有的焦虑爆发一样，这些症状都会自动减轻的。当它们确实开始减轻时，我进行了一些放松运动。之后我开始审视自己的想法，在这方面，我的患者们帮了我大忙。最坏的想象无疑是怕检查的结果为鳞状细胞癌，那么我想自己的身体也就垮掉了。当然，死亡的念头也冒了出来，不过令我吃惊的是，这个念头并未狠狠地打击到我，我想可能是因为之前我与真正罹患癌症的患者有过交流，和他们一对比，我的情况就显得不那么严重了。其中一名女患者的话让我记忆犹新："您知道吗？我觉得站在个人的角度来看，我们大家都是不死之身。我的意思是说，我永远不会看到我自己的死亡，直到死前的那一刻，我都是活着的。我死去的那一刻，意识消失，我也就不会看到自己的死亡了。"这句话时常伴我左右,当话题涉及死亡时,我总能想起她的话,它帮助我重新将问题的焦点拉回到那些被忽视的生的机会上面,正是这些机会构成了我的现实生活。我们会在后面讲到的克洛德-让的故事中再次谈到这个话题。

我怕的到底是什么

在对疾病的恐惧治疗过程中,一般在问过例行的问题"我怕的到底是什么"(回答:是痛苦和癌症)之后,认知治疗医师会让患者进行自我辩论。在我的情况中,倾向于癌变的客观论据那一栏几乎是空的,我只写了吕克的猜想,而相反论点的论据就多了:病变并不像是鳞状的,我觉得自己身体还不错,我以前也有过类似的病变,事后都被证明是良性的。由此看来,癌性病变的可能性并不大,但也不能排除。我来到了推理的最终阶段。如果这真的是鳞状细胞癌,那么会很严重吗?而关于严重性的论据是最有说服力的:如果病变处在初期(很明显,我可能就是这种情况),是有好几种治疗方法的。先谋事在人,之后成事就在天了。

我的推理最终得出的结论是,即便这次情况真的很严重——尽管不太可能——那么这种严重性也只是相对而已。现在的问题便是我该以何种行为来应对目前的精神状态。我有一位名叫乔治的疑病症[①]患者,我经常与他讨论这方面的问题,有一天,他来看病时对我说:"认知重组确实是个好东西,不过它最终没能说服得了我。就我的情况来看,我一直深信有一天我会病得非常严重。唯一有效的方法,就是每当我出现焦虑情绪时,重新做一遍原来的推理,不用去想什么新招,也不用绞尽脑汁去找新的论据。过了一段时间,我感到我的潜意

---

① 指对自身感觉或征象做出患有不切实际的病态解释,致使整个身心被由此产生的疑虑、烦恼和恐惧所占据的一种神经症。

识便投降了，我终于清静了。"现在我决定使用乔治的方法：一旦焦虑出现，我就重新做一遍刚才的推理。

最终我并没有斗争太久，大概过了二十四小时，我就觉得自己几乎不怎么焦虑了。六天之后，吕克打来电话，告诉我那只是化脓性肉芽肿，一种良性病变。

关键点：接受自己的情绪

当你被焦虑情绪控制时，要先给予它适当的关注。不要试图转移注意力，那样只会加重焦虑情绪。

相信与倾听

艾萨是名五十二岁的患者，她曾找我解决她的焦虑问题。她惧怕自己会罹患脑癌，已经怕到了一种病态的程度。她的问题可追溯到童年时期，她曾亲眼目睹自己的父亲被游击队员处决，头部中了一枪。她和自己的兄弟姐妹一起躲过了那场当地的革命运动，逃亡到了法国。当时她并没有接受心理疏导，而是自己建立了一套斗争和解决问题的方法体系。艾萨后来接受了高等教育，嫁给了一名专区[①]区长，有了一个的女儿，十二岁了。

对于疾病的持续性恐慌

尽管艾萨接受了四年精神分析学的教育，但她还是不能掌控自己的焦虑情绪。每当头痛时，她总是控制不住自己去想象脑子里长着一个巨大的肿瘤。于是她会恐慌起来，缠着医生，让对方给她做核磁共振或者头部CT扫描。无论用什么方法都阻止不了她：医生一再拒绝她的请求

---

① 指法国省级行政区。

也没用；提醒她扫描的费用无法报销也没用；威胁她说她非常喜欢的一名医生会因此辞职，还是没用，一直到医生无奈地同意她的请求为止。检查的结果总是一切正常，但艾萨此后仍然会再度恐慌。几天后她就会想：放射科的医生会不会漏看了什么？是不是他没调试好仪器？肿瘤是不是才长了几天，还看不出来？

心理医生的其中一项工作便是在认知疗法过程中帮助患者将其思维模式从感性过渡到理性。换句话说，医生会引导患者认清到底是哪些想法引发了他的焦虑情绪，再使他学会把这些想法与现实区分开来。焦虑症患者的思维集中在某种危险上，他全部的注意力都围绕着这种危险以及摆脱它的方法，以至于忽略了一切与这种可怕的危险无关的事物。在艾萨的案例中，她对自己身体的过度关注引发了紧张情绪的增长，从而出现头痛的症状。她无视其他一切有可能引起头痛的因素，只觉得癌症是唯一诱因，这种想法加重了她的焦虑。为了进一步验证自己的观点，她经常上网查询，结果是那些疾病的复杂描述和患者们的网上交流更加重了她的焦虑情绪。

在相信与倾听之间

焦虑症患者的亲朋好友已经非常习惯，总能听到他们抱怨自己幻想出来的疼痛，以至于时间长了谁都不想再去听，甚至会嘲笑他们。而心理医生有时也会对患者做出同样的行为。因为如果他相信患者的话，那么只会让患者更加焦虑；如果他不相信患者的话，患者就可能拒绝配合治疗，这有失心理医生的身份。对于艾萨，我决定谨慎地辨别我听到的内容。

我们讨论的第一个论据是目前脑癌的患病率。艾萨说道："一天到晚都在想脑癌的事其实是很正常的，因为电视上总是在说这件事，另外确实有很多人患脑癌。至于证据嘛，我周围就有几个人得了脑癌。"我的第一反应是，艾萨夸大了脑癌的患病率（她认为每年在10万人中会有

5~6人罹患脑癌，即每年新增患者3500至4000人）。不过我还是决定让自己也处在艾萨那种十分警惕的状态之中。接下来的一周里，我试着向周围人打听脑癌的情况。在与家人、朋友、同事、商贩以及我的药剂师的谈话过程中，我也会找机会抛出脑癌这个话题来讨论。经过一周的潜心调查，我得到了一种苦涩的满足感：我周围确实有几个脑癌病例。艾萨是对的：当我们对某个现象产生兴趣时，我们会发现这种现象出现的频率比我们想象的要高得多。如果你去看心理医生，一定要刁难他一下！

我们谈论的另一个论据是："网上有很多专门讨论脑癌的网站所以脑癌肯定比您说的常见。"艾萨说完后，我决定自己去网上了解一下，我在搜索结果中看到有52万个法语的相关网页。我又做了一个对比，输入"梗塞"会得到79万个查询结果，而输入"心肌梗塞"的话只有21万个，但是法国每年的梗塞新增病例为12万。因此，虽然关于这两种疾病的网页数量很接近，但它们的发病率却是1∶30！

这个小插曲让我和所有的心理医生都受益匪浅，因为它使我们更专注于倾听患者的叙述，同时也使患者受益匪浅。因此，你去看心理医生时，一定也要刁难他一下！如果你觉得他并不完全相信你，那么就准备好论据再去问诊，全身心地投入到与医生的讨论中去。这样一来，你和医生在治疗结束后都会精神百倍！

小组治疗

在进行心理治疗时，不要指望让医生"带着"你。治疗小组中的每个成员都应该尽自己的最大努力对抗自己的心理问题。

"我决定要幸福起来,因为我想活得更久一些"[1]

玛蒂尔德有惊恐性障碍的困扰。她五十岁左右,平时不怎么出门。虽然备受困扰,但是她创造了一种新的生活模式,使得这种模式适应她的焦虑情绪,因此她并没有感受到太大的麻烦。玛蒂尔德和丈夫一起经营着一家服装店,离住所大概两百米远。他们的两个孩子都上了大学。我们都知道,通常情况下,惊恐性障碍会伴随有广场恐惧症[2],玛蒂尔德正是如此,她经常会惊恐发作。惊恐发作相当于一种生理上的风暴,横扫人的大脑,在数秒钟内会引起诸如心悸、流汗、呼吸困难以及肌肉极度紧张等典型症状,严重的还会影响到人的思维,如会引发人们对死亡和失去理智的恐惧。若用认知行为疗法来治疗这一病症,可帮助患者控制住自己的身体反应和思维模式,但是我与玛蒂尔德的谈话并没有达到这一目的。

惊恐来袭

在经过几轮针对她那些灾难性想法的治疗之后,玛蒂尔德仍然坚信,将来总有一天她会被自己的惊恐性障碍害死。在认知行为疗法中,医生和患者要形成一个小组,小组中两个人要各自发表自己的观点。在关于是否应该相信玛蒂尔德脑子里的那个暗示自己在发病时会死掉的小声音这个观点上,玛蒂尔德承认,在自己数十次的惊恐发作中,每一次她都相信自己会死掉,但她今天能来问诊,事实证明她还活着,她错信了那个小声音。我告诉她,对惊恐性障碍的研究明确表明,患者不会在发病时死掉。她相信我说的话,并把它记在了本子上。可尽管如此,她仍然坚信自己会被惊恐性障碍害死。

---

① "我决定要幸福起来,因为我想活得更久一些。"这是伏尔泰的名言,这句话对克里斯托夫·安德烈关于幸福的研究有着十分重要的影响。

② 特指在公共场合或者开阔的地方停留时极端恐惧。

有一天，玛蒂尔德拿着我的一本书找到我："您自己看看，您是怎么写的！您在自己的书里就说过，焦虑症患者患心血管疾病的风险是普通人的两倍！您还写道，焦虑症患者是否比常人短寿，此事尚存争议！"总之，我们的讨论受到重重阻力，治疗进行得十分艰难。

如何摆脱自己的执念

几周以后，玛蒂尔德轻快地回来找我。她参加了个犹太教教士的讲座，讲座的主题是"当孝敬父母，使你的日子在耶和华你神所赐你的地上得以长久"这条戒律①。在这名犹太教教士的评论中，有一个观点说的是，与父母之间的和谐关系可使人幸福，而这种幸福又是健康长寿的保证。在讲座的过程中，玛蒂尔德得到了一种启示：长寿是和幸福联系在一起的。她认为阻碍她幸福的唯一障碍就是焦虑情绪，于是她立刻决定相信流行病学的研究结果，即惊恐发作不会害死人，并放弃自己的执念。她的推理很简单：如果我放弃对这种必然死亡的执念，接受自己的惊恐发作，我就能够迎战所有折磨我的情形了。之后我就可以随心所欲地生活，就可以幸福起来了。我幸福起来，就可以活得更久。她以这种方式告诉我，为了活得更久一些，她决定幸福起来（几年之后，我的朋友克里斯托夫·安德烈也对我说过同样的道理）。自那以后，玛蒂尔德有了明显的进步，治疗也顺利了起来。

此后我常用这个故事激励其他患者，同时也用来激励我自己。在遇到玛蒂尔德之前，我也了解过一些关于健康和好心情（还有抑郁症和死亡率）之间的关系的知识，但玛蒂尔德的启示更加点拨了我。有些话，重复几十遍之后，便会在某一刻产生更加深远的意义。

---

① "十诫"中的一条。"十诫"是《圣经》记载的上帝耶和华借由以色列的先知和众部族首领摩西向以色列民族颁布的十条规定。

死亡总是让人不安

与大家的想法正好相反,因身体健康问题而焦虑的患者通常并不全是害怕死亡的。

克洛德-让四十多岁,是一名优秀的大学教师。他是被他的耳鼻喉科医生推荐到我这里来的,因为他患有耳鸣。通常情况下,耳鸣是突然发生的一种现象,有时出现在强烈的声音冲击(如摇滚演唱会)之后,有时也会由不遵守减压规则所导致(如潜水突升事故)的。但克洛德-让的情况并没有明显的病因,他的耳鸣已经有一年之久了。最初,他并没有感到持续的疼痛,渐渐地,他的右耳失去了部分听力,耳鸣也呈持续状态。但检查结果(扫描、核磁共振、耳科检查)并没有显示严重的病变,而且也没有比较对症的治疗方法,他只能接受并适应这种状态。

潜伏在一种恐惧背后的另一种恐惧

在第一次谈话即将结束之时,我和克洛德-让站在门口准备互相道别,但克洛德-让坚持要告诉我一个秘密:"大夫,有些事我没有跟您讲。"有时,患者在问诊的过程中很难说出真正的病因,这时,心理医生在问诊结束时就会感受到明显的压力。因此我时常向在我监管下的医生和心理学家建议,送走患者之前的这段时间不要急躁。"其实我来见您的真正目的并不是要学习如何适应我目前的状态。最让我心烦的是,有时我会在半夜惊醒,怀疑自己的脑袋里长了肿瘤。我第一任妻子的姐夫就是因为脑癌去年去世的。最近几周,我总觉得耳鸣正是脑癌的征兆,我也知道检查结果一切正常,但我始终怀疑是医生搞错了。"

我们的第二次谈话便是讨论他的这种恐惧。我事先准备了一下咨询的内容,并发散了一下思维:我想起了自己治疗过的几位患上胶质细胞瘤的患者。让我印象最深刻的，并不是他们的病情发展，而是他们最终都因病死亡的结果。我的思维把我带到了死亡以及我自己对死亡的焦虑上面，于是我开始害怕起这次谈话来，而且我相信克洛德-让一定会从对死亡的恐惧谈起，我自己也肯定会因为我的那些想法而感到不自在。

"其实真正让我感到焦虑的并不是死亡，而是脑癌带来的痛苦。"我当时肯定是一脸吃惊的表情，克洛德-让接着说道，"我知道一个疑病症患者这么想多少有些奇怪，不过我想人终有一死，这一点我还是能够坦然接受的。"

"我的父亲是在我十六岁时去世的。他在我们家那边还是挺有名的，他从商人变成了镇议员，最后做了镇长。他在议会选举中落选，但仍然很受欢迎。在我十四岁时，他得知自己患了脑癌，于是我们两个人聊了很多。他说，有那么一刻，他想放下一切，带着我的母亲去环游世界，去最好的饭店用餐。总之，就是尽情享受自己最后的时光。但是几天后，他又提到了这个计划，他说仔细考虑过后，还是觉得为镇子和家庭的付出能够使他感到真正的幸福。两年后，他去世了，我想他走得一定很平静。此后，这几次谈心的情景长久地停留在我的脑海中。"

"困扰我的是他生命的最后半年。第一次手术过后，他的肿瘤又长了起来。治疗对他的身体伤害很大，他瘦了很多。二十五年过去了，直到今天，我还会做关于那时的噩梦。"

在这里，心理医生对语言的使用就需要十分谨慎。我们的第一项任务是倾听患者的倾诉，而接下来的任务则是不要让我们自己的想法对患者产生影响。

疏导焦虑情绪的三个建议

1. 焦虑会改变我们观察世界的方式。要将焦虑时自己的内心世界摆到桌面上去审视，疑病症患者普遍会自动将痛苦和严重的疾病联系到一起。去找一找这里面的逻辑错误吧！

2. 焦虑症患者对于自身健康的评价会被自己的执念所干扰，比较普遍的执念是"各个器官毫无特殊反应才叫健康"。这是错误的！这是外科医生勒里什的观点。活的机体是会有各种反应的，只有接受这个事实，你才能让自己的身体和精神都放松下来。

3. 尽管针对疾病恐惧的认知行为疗法属于短程疗法，但医生们还是要慢慢来才对。

第三章　越来越常见的抑郁

斯特凡尼·奥兰-佩利索洛　心理学家、心理医生，认知行为疗法、眼动心身重建疗法以及内观认知疗法专家，巴黎第五大学教授心理学硕士。

"你当了心理医生真是走运！虽然你能帮助我们，可说到底，你无法体会我们的痛苦！"我在心理咨询过程中经常可以听到患者这么说……那么我的回答是："我们的职业并不能让我们对痛苦免疫，也无法为我们预测生活中的难事，比如生死离别、骚扰、侵犯、疾病、失业、超负荷的工作……每个人在生活中都会或多或少地遇到这些事，面对它们时，无论我们感到多么伤心、恐惧还是愤怒，都是正常的。没有人能控制意外事件的发生，也没有人能在情绪突然爆发前预知自己会如何处理这些情绪。就拿我来说吧……"

我们能够驯服痛苦吗

如何接受发生在我们自己身上的事情？如何处理它们？几年前，我刚刚入行，在工作中受了欺负，于是患上了抑郁症，坚信自己一无是处。当时，我觉得那种叫"幸福药丸"的抗抑郁药可以解决问题（作为心理医生，我不该有这种幻想的）。然而事实上，在经过两个月的治疗后，在不少同事朋友的支持下，我才免受自己的看法和哀伤情绪的影响。只是，我平时的那种快乐和热情也消失了，而且自从那次事件以来,"我一无是处"的念头严重地啃噬着我的心灵。如果我真的一无是处,为什么我的丈夫和朋友们还守在我身边?我对自己说:"他们只不过是太善良了而已。"唯一让我能够找回自信的,是我的职业。我的工作带给我很多快乐和满足,因此,我在工作上投入了大量的精力。然而,我在帮助患者时效率很高,在帮助自己时却不是这样。

几年以后,超负荷的工作榨干了我的精力。渐渐地,我失去了做任何事情的动力和乐趣。我曾经最热衷的想法又冒了出来,日日夜夜纠缠着我:"我一无是处。"同时冒出来的还有它的"小姐妹们":"我将一事无成""我无法胜任自己的工作,我不配拥有我的孩子,我的家庭,我的朋友"。

这一次,我决定去见个很热心的做精神病医生的朋友。他给我开了一种抗抑郁的药,还向我推荐了一种心理疗法,并提起一种新的心理治疗分支:建立在"正念"基础上的认知疗法。于是,此后的治疗给我带来了巨大好处,因此我想与大家分享一下我的经历。

抑郁症来袭

悲伤感,动力的缺失,极度疲惫,毫无胃口,躺下三小时后才能入睡,感觉自己对周围人来说是种负担,被自己的思想所禁锢,精神极为痛苦——这些便是我患抑郁症期间每天的状态。那些反复入侵并腐蚀我大脑的想法尤其可怕,环环相扣的消极思想使我的悲伤感只增不减:"能让我停下来的那个'off键'在哪里?我工作的时间太长了,与亲朋好友相处的时间太少了,我不是好妈妈,不是好妻子,也不是好朋友……我每天都花时间听患者倾诉,我表现出既耐心又能时刻守护在患者身边的样子……而当我的家人、孩子和朋友需要我去耐心倾听他们的声音时,我却没有精力去回应他们的请求。晚上我回到家,精疲力竭,不想说话,还总是误解家人的意图……于是,孩子们不再扑过来搂住我的脖子了,也不在乎我了,我对他们来说什么也不是……我变得微不足道了！最后，我就一无是处了。"这样一种内心独白不停地啃噬着我的内心。我的脑子里只剩下这些想法，而它们又是那么让我无法忍受。

不去想，就不会痛苦

一开始，我独自一人想尽办法改善我的状况，尤其试了那种用行话说叫作"认知重组训练"的方法。

认知重组训练：作用和原理

认知重组训练，即以现实为标准来检验一个人的消极思想：我的这种想法符合实际吗？哪些论据支持我的想法，哪些又是反对的？这种带有推理性质的训练，其目的在于淡化消极思想的影响，从而控制住由其产生的消极情绪。

我认真地在本子上记下了我的想法，自问它们到底有多符合实际，并按从0到100的标准进行打分。结果呢？100%符合实际。所有的论据都是支持我的想法的，一条反驳的都没找到。我已经束手无策了，就这样被困在消极心态和忧郁的旋涡之中。对于轻度抑郁症，或者在患者仍有退路时，认知重组训练是非常有效的一种疗法，它还可用作病情好转后的加强训练，避免复发。而此刻，我的症状已经非常严重了，我已经完全丧失了对待病情的理智，深陷忧郁之中，不能自拔，总是戴着有色眼镜看待身边发生的一切。

因此我开始接受药物治疗。一个月之后，我的精力有所恢复，终于能够尝试两种名字很奇怪的疗法：EMDR疗法和MBCT疗法。

抗抑郁药的必要性

由于精神痛苦和消极情绪而感到消沉、大脑混乱、反应迟钝时，想直接接受心理治疗通常是不可能的。服用抗抑郁药对于是否能够接受心理治疗起到决定性的作用。

与糟糕的回忆和平相处

什么是 EMDR 疗法

EMDR是英文Eye Movement Desensitization and Reprocessing的缩写，可译为"眼动心身重建疗法"，由美国精神病医生弗朗辛·夏皮罗于二十世纪八十年代末创立，尤其用于治疗精神创伤事件引起的心理疾病。

我们大部分的记忆，无论是积极的、中性的还是消极的，通常都会储存在长期记忆中。有时想起一段很糟糕的回忆，我们会感到不快，但并不会产生十分消极的情绪，因为我们知道那是一段过去的事情了，已经被"消化"掉了。而有些糟糕的回忆，无论年代多么久远，一旦记起，就会激发非常强烈的情绪反应。更可怕的是，它们总会在我们不想回忆的时候忽然冒出来！事实上，这些痛苦的回忆并没有被妥善地储存在长期记忆中，而是残存在它们发生时的那种"原始"状态里，这种状态还附带着当时的场景、当时的消极思想以及当时的身心感受。这些回忆并不是一种单纯的对信息的记录（"我知道某时某刻发生了某事"），而是一种每当我们想起时都会重新经历一遍的噩梦。由于这些记忆没有被储存和消化，因此它们会持续干扰我们的生活，并且会出现在与事发时毫无关系的情境之下。任何能让我们联想起事发时情形的微小信号，都会激起事发时的情绪。就像我后期的状态，满脑子都是我患忧郁症初期时的那种消极思想。

对痛苦的回忆进行再加工

EMDR疗法可以对痛苦的回忆进行再加工，也就是说，剔除附着在痛苦回忆上的消极情绪。在EMDR治疗过程中，一番精心准备后，心理医生会要求患者重温创伤性事件留给自己的视觉、精神、情绪以及感官方面的记忆，同时让患者盯住医生那只水平移动的手。眼球运动大约三十秒后，医生会问患者当前脑子里都有什么：有时会出现某些画面、情绪、想法或者身体感觉，有时则什么都没有。医生不会对以上那些"产物"做任何评论，而是要求患者将注意力集中于自己的感受，然后开始新的一轮刺激。医生会数次重复这个过程，直到该种刺激所引发的内容具有积极的性质，并且——惊人的是——患者基本能够做到让这些内容自发地产生！这样一来，当最初那段创伤性回忆再次出现时，我们就不会再想起可怕的画面，也不会再产生消极的看法或者痛苦的情绪了。

我们可以把EMDR疗法看作一次乘火车的经历。出发时，车上满载着消极的货物，每到一站，患者就会卸下一部分货物，与此同时，积极的货物也一点点被搬到车上来……旅程结束时，不愉快的回忆也就被妥善储存到长期记忆中去了，不再干扰患者的现在和未来……

EMDR疗法带给了我什么：与糟糕的回忆和平相处

虽然精力在一点点恢复，我的自尊心却仍然没有回来（我仍然认为"大家都比我强，我一无是处"），尤其是在个人生活方面。我曾经是个性格开朗的姑娘，总是笑眯眯的，善于交际，热爱运动，大家都喜欢我。如今的性格缺陷，这种自我贬低的感觉，到底是怎么产生的呢？

这种连锁的想法（中心思想为"我一无是处"）来源于我在工

作中遭遇的那段欺辱。每当我记起这段遥远的回忆，就会感觉喉咙发紧，眼前出现走马灯一样的画面。当时，出于较复杂的原因，一个我非常尊重并且十分聪明的人在和我愉快地共事一年后，忽然不理我了，他一看到我就马上转身离开，不跟我说一句话。即使躲避不开的时候，也总是用仇恨的眼光看着我，还和其他同事说我的坏话。我成了他的眼中钉、肉中刺。强烈的不解和深重的悲伤逐渐占据了我的内心，到最后，他的冷淡让我觉得自己一无是处。

最终这种欺辱变成了一段未被消化的创伤性回忆，因此可以使用EMDR来进行治疗。我与我的心理医生并肩作战，治疗中，出现在我眼前的画面清晰得如同一张照片：我在他的办公室里，他气得满脸通红，眼冒怒火，牙关紧咬，用拳头砸着桌子。与这个画面同时产生的消极想法便是常出现的那句"我一无是处"。于是我感到深深的悲伤，并且喉咙发紧。事实上我很快就哭了出来，但是我的眼睛一直在跟着医生手里的小棒移动，这让我感到放松，感到一种全新的平静。经过三次各持续了一小时的治疗，我脑子里冒出来的画面才开始变得模糊起来，我开始接受了一种新的想法——我的存在是有价值的，另外，悲伤感也消失了。我的身心第一次经历这样一种过程。我也曾对我的患者们使用过这种疗法，并经常能观察到这样的结果，而现在，我第一次亲身感受到了患者们口中的那种慰藉和轻松。我又找回了生活的快乐！

这样的变化其实是会让人有些不知所措的，但我体会到又是那么欣慰。这并不是什么突然降临的奇迹，在这三次治疗中，我也经历了痛苦的时刻，强烈的情感冲击，尤其是巨大的悲伤感和愤怒感的洗礼。这个过程并不轻松，只有先做到直视自己的脆弱，才能接受EMDR治疗。

通过冥想来获得宁静并接受自我

什么是正念

正念认知疗法（Mindfulness-Based Cognitive Therapy，简称MBCT）是一种结合了正念冥想和认知行为疗法的心理治疗方法。它最初由Zindel Segal、Mark Williams和John Teasdale三位心理学家在20世纪90年代开发，目的是为了帮助抑郁症患者预防病情复发。"主动将注意力集中于现时自身感受的变化，并不对此做出任何判断"，这样的状态就叫作正念，而它与我们身体的"自动驾驶状态"是正相反的。

在日常生活中，我们几乎总会同时做几件事，这时我们就处于自动状态，并没有真正去关注手头正在做的事情：早上刚一下床，我们就在想这一天的计划了。接下来，淋浴时，喝咖啡时或者在路上时，我们仍然在想。你们一定也有过这种经历：你们并没有留意从家到单位的路程，也不记得路上的风景或者红绿灯的数量……到了之后你们才会很吃惊地发现自己已经在单位了。

正念疗法的核心原则便是，要我们学会停下来并感受现时的生活。你们可能会说，一次只做一件事简直就是浪费时间，确实，但同时做太多的事情会让我们的思维跳来跳去，穿梭在不同的任务之中，我们的精力就不会集中在任何一件事上，这样会消耗更多的精力，而且我们总在不停地转移注意力，这样很可能忽略某些细节，导致效率降低。尤其可怕的是，消极的想法突然不听话地冒出来，并带出了更多的想法，最终完全脱离我们有意的控制，使我们胡思乱想时，我们就会发生"侧翻"，或者"滑出跑道"的情况。在当今这样一个要求人们极度高效的社会里，很难让人改变这样一种"自动驾驶"的习惯。要想做出改变，就要进行自我训练，并"重新锻炼"我们的注意力，而锻炼的原则和扭伤脚踝后进行肌肉训练一样。

所谓锻炼注意力，就是在正念练习过程中（冥想时、伸展四肢时、走路时、吃饭时、运动时……）不断地将自己的注意力拉回到现时。在散步时会有一些念头突然出现，这是完全正常的，因为我们的大脑就是一台不断产生念头的机器。你可以选择顺着这些念头反复地想下去，想得更远更深，甚至开始自言自语（就像把收音机的音量调高似的）；也可以选择让这些念头待在那里，并不陷入其中，将自己的注意力拉回到对感官、肌肉和呼吸的正念上来（就像把收音机的音量调低到只能听见背景噪声的程度）。所谓锻炼注意力，便是将自己的注意力拉回到现时。

回到当下

正如你所见，这种疗法的目的并不是要消除你的消极思想，而是让你任它们待在那里，不去想它们，并将注意力集中在自己的呼吸和身体上。我们就是要训练自己的精神，让它停留在现时，而非不停地在时间中穿行。

进行三十至四十五分钟的正念冥想，也是一种不求特殊效果（如身心舒适、进入催眠状态等）的练习。我们越是追求某种特定的效果，就越难集中于现时，因为我们的注意力会转移到那些符合我们期待的现象上去。我们的状态是在不断变化的，每天都各不相同，而且持续的时间十分短暂，如不耐烦、暴躁、起床的欲望、深度的放松感、内心的宁静、悲伤感、愤怒等。我们要学会与这些状态相处，观察它们，而不是像往常那样想方设法改变或对抗它们。我们要学会接受事物原本的样子，无论它是否令我们感到愉快。如果我们能不带任何评价和干涉地观察并接受自己思想、情绪和感官体验的短暂性，那么我们就会更容易接受事物原本的样子。

体味生活中积极的一面

一般来说，我们感到伤心、焦虑或者愤怒时，都会担心这些负面情绪会持续下去，于是我们开始放大这种担心："我知道这种情绪肯定还会回来，搞得我永无宁日，永无宁日！为什么我会不幸福？为什么我不能和大家一样？"这种反复的胡思乱想只会放大负面情绪，而负面情绪又会更加让你胡思乱想。这是一种恶性循环！

冥想可以让人学会了解自己的情绪并不再为它们感到担忧。我们已经知道，如果以一颗宽容之心去对待这些情绪，也就是说不启动"思考机器"，不试图赶走它们，而是用身体去感受它们，并带着这种感受进行呼吸——虽然有时不太舒服，但总会过去的——这样一来，那些情绪就会很快烟消云散了。

接受这种由某一情绪导致的不适感受，这本身就是在了解自己当下的状态并照顾安慰自己，正如我们照顾安慰身边痛苦的人一样。如果一个朋友对你说他很难过，你会只对他说一句"这没什么大不了"，然后让他一个人继续痛苦下去吗？应该不会吧！你肯定会让他说说发生了什么不顺心的事，可能还会给他一个拥抱，分担他的痛苦。在某些情形下我们会感到难过，这很正常，一般来说这种难过会随着时间而平复。

出于生理原因，我们所有的情绪，无论是正面的还是负面的，只要在其自然发展过程中没有遇到障碍，其持续时间都是非常短暂的。也正因为这样，我们必须学会日复一日地体味生活积极的一面。一味等待某件事情发生之后才允许自己幸福起来是行不通的，太多的阻碍也许会让你的等待望不到尽头。安逸的状态更多地来自生活中的小幸福，而那些巨大的幸福实在是少之又少。接受这样一个现实是冥想的关键步骤，它会让你将精力集中于生活中积极的时刻，并更好地战胜消极的时刻。

正念疗法是为谁准备的

我们每个人都可以进行正念训练，它对于焦虑症和抑郁症患者尤有益处。一些消极状态总会阻止人们体验现时，而患者大部分时间都与这些消极状态（后悔、反复胡思乱想、杞人忧天）形影不离，并且任由自己沉溺于这种状态和情绪之中，因此，进行正念训练是非常有益的。

正念疗法让我对自己身心发出的信号给予更多的关注

正念认知疗法进行起来并不轻松，要求十分严格。当朋友向我推荐MBCT疗法时，我承认我曾有些犹豫：在五天的训练中，我每天都要进行冥想训练，体验宁静，学会保持在现时状态，让头脑中产生的意识留在那里，不去尝试改变它。安静地坐上几小时曾经在我看来是不可思议的，在此之前，我一直很小心地避免静止下来的状态，因为我怕自己一静下来，那些可怕的念头就会出现。我曾经极度忙碌，总也停不下来，总在给自己寻找新的刺激。在那样一个时期，我尤其需要找个人倾诉一下那些折磨着我的该死的念头。而现在，我已经能够完全让自己沉浸在宁静之中了！

在最初的几次冥想训练中，我的注意力不停地被各种念头所吸引，然而在正念训练的帮助下，我渐渐可以将注意力集中于自己的呼吸和感官上了，不再深陷于消极思想之中。我可以看到那些念头就在那里，我并没有赶走它们，而是记下了它们的内容，同时不停地将注意力拉回到自己的身体上。我对其中一次冥想训练印象特别深刻，在那次训练中，我解开了很多心结。那一次，消极思想不停地涌上心头，我尝试着将注意力拉回到绷得越来越紧的身体上。我能感受到痛苦，但并不去想它正在对我产生什么样的作用。忽然，我感觉到愤怒，正是这种情绪在折磨着我的身体。我意识到日积月累的疲劳在慢慢地消耗着我的精力。停下来吧！我不能再像从前那样透支身体去工作了。我的问题并不在于我是个一无是处的人，而在于我为了不胡思乱想而疯狂地工作，这既损害了我的健康，又伤害了我的家人和朋友。这种对抗消极思想的无效方式耗尽了我的精力，其实我本应该听一听这些思想对我的提醒："你太累了，注意一下身体吧。"于是我注意了一下自己呼吸的节奏，调整了一下自己的感官，几分钟后，那些消极思想就消失了……

这次经历使我意识到，此前我一直是带着悲伤和疲惫的有色眼镜去看待现实世界的。

我们的状态影响着我们的思维

我们都经历过疲惫的状态。回想一下，当你感到自己"电量不足"或者带着极差的心情起床时，你这一天是如何开始的？通常，你会变得更敏感，更容易生气，跟身边的一切对着干。当你看到一个同事冲你打了声招呼，却没有停下脚步，你就会想：这是什么情况？我肯定做了什么让他不高兴的事，所以他再也不尊重我了，等等。你一整天都会反复咀嚼这些念头……然后你很可能会到处寻找各种细节去证实你的想法！一天结束后，你就会得出这样的结论："我很孤独""我还不够好"或者"我做了坏事"。而当你心态平和，精力充沛时，同样情形的出现就显得微不足道，你只会觉得"他可能有急事吧"或者"他和别人有约"。

脑子里的念头并不代表现实世界，但在我患病期间，我却对自己的念头深信不疑。正是这些念头加重了我的焦虑，并把我推向抑郁的深渊。它们到底是什么呢？其实只是我们对现实世界的一种理解而已。想法并不等于现实,这一点是让我们避免沉溺于自己的思维中并与它们"划清界限"的关键。我并不是自己想象的那样差,那些念头的出现只是说明我感到疲惫、悲伤、愤怒、焦虑……这么一想,一切都改变了。一种情绪的产生总是有原因的,那么只要关照一下自己,情绪很快就会过去的。

这样摆脱抑郁

真正的抑郁症是什么样子

感到悲伤,对一切失去兴趣,无法入睡,通过这些症状还不足以诊断这就是得了抑郁症。真正的抑郁症,同时存在着几种特有症状,并且这些症状会持续干扰患者的日常生活。

通常情况下,如果这种干扰每天出现,并持续两周以上,就可判断为抑郁症。

抑郁状态会伴有以下两种症状,或单独出现,或同时存在:悲伤感,以及欲望和乐趣的缺失。悲伤感表现为沮丧、想哭、以及与失去亲人时相似但是通常要强烈得多的痛苦。这种悲伤感会持续一整天,也可能会在某时某刻忽然出现,还可能占据整个早上或晚上。乐趣的缺失在心理学上被称为"快感缺乏",它表现为对平时能带来满足感的活动(如消遣娱乐、看电影、读书等)的兴趣缺失,患者会完全放弃这些活动,或者只是艰难地强迫自己去参与这些活动,但得不到任何满足感。注意,这些活动也包括与亲朋好友的会面和与伴侣的性生活。

除了以上两种主要干扰以外,抑郁症患者还会表现出以下几种症状:

食欲方面困扰——通常为食欲不振——并伴随着不由自主的体重变化（例如在一个月之内体重增加或下降5%以上）；

睡眠方面的困扰，即睡眠时间的减少（失眠）或加长（嗜睡）；

注意力不集中，记忆力减退，决策能力受损；

周围的人会注意到患者反应躁动或迟缓；

虚弱感、疲惫感或者精力减弱，无法做出努力的姿态；

负罪感和自我贬低；

悲观，有自杀倾向，可以是一种隐约想要从世界上消失的欲望，也可以是真真切切想结束生命的意愿。

以上症状中并未提到恐慌和焦虑，因为很多其他的疾病也可呈现出恐慌和焦虑的症状，不过它们还是会常出现在抑郁症患者身上（如对未来的担忧、胡思乱想、恐惧症等）。

得了抑郁症该怎么办

如果真的表现出抑郁症症状，那么患者就需要来自外界的帮助，想要独自对抗疾病或者干等着事情过去，那简直就是妄想，有时对患者来说还会很危险。如果你只是轻度抑郁，最好的办法就是进行心理治疗；如果是重度抑郁，精神上的痛苦和疲惫不堪的感觉已经大到使你对心理治疗完全无动于衷的程度，那么就需要抗抑郁药物的帮助了。不过很多人面对药物治疗都十分犹豫："我不想吃药，我怕上瘾。"然而，光进行心理治疗而不进行药物治疗，就相当于开一辆没有汽油的车一样。药物治疗会通过重建一部分抵抗能力并给你带来一些精神上的镇静来为你"充电"，并不会夺去你的生活能力（如今的抗抑郁药物并无安眠作用，也不具有依赖性）。药物治疗是一种能让心理治疗更好地发挥效果的辅助工具。

至于心理治疗法的选择，目前，认知行为疗法是公认针对抑郁症最有效的疗法。如果你的抑郁是由亲人去世、受到侵犯、童年阴影、天灾事故、离别或者失业造成的，并且之后回忆起来仍然感到痛苦的话，那么EMDR疗法是处理这些生活中的负面因素最有效的疗法。而正念认知疗法的疗效更见之于对抑郁症复发的预防上面。

让生活慢一点：防止抑郁的复发

每天花三十分钟静下心来观察自己的新变化

要想发现抑郁症复发的征兆，就需要静下心来。精神病医生埃德尔·马埃克斯在一次座谈会上说道："如果你想了解一座城市，光靠开着车穿过它是不够的。要找个地方停下来，并带着好奇心徒步游览这座城市的大街小巷……"要学会了解自己，首先要停止埋头干活的状态，并试着一次只做一件事。在一天中腾出三十分钟的时间，静下心来，观察自己的新变化；另外，既然你有时间听亲朋好友的倾诉，那么也给自己一些时间吧！

在这三十分钟的时间里，你要尽最大努力将注意力集中在你身体的各个部位和呼吸上。你的注意力很容易转移到自己的思维和一些特别的感受上去，这是完全正常的。但你要体会你在现时的感受，同时不要对它做出如下判断："哎呀！我抽筋了！""哎呀！这种训练真让我不爽！""看！老想法又回来了，我永远也做不到……"要把注意力转移到身体上去。要提醒自己，那些想法只不过是做正念训练时大脑对你的状态做出的反应而已。如果你很难将注意力集中到自己的身体和呼吸上，这并不意味着训练失败，只是说明你太累或者太紧张了。出现这种情况时，要思考一下应该以怎样的方式来调整自己，并把你的那些想法记在一个本子上，你可以给本子取名为"想法分析讨论册"。针对每一个念头，试问自己：它从哪里来？是什么事情导致我产生了这样的想法？这个想法符合我的现实情况吗？要论证这个想法的合理性，有哪些支持和反驳的论据？

随身携带记事本

准备一个漂亮的记事本作为自己的旅伴，它可以让你意识到自己的幸福，也会在你生活最艰难的时刻帮到你。要一直随身携带这个记事本，并在上面记录以下内容：

1. 周围人对你的评价。

2. 一些通常能给你的形象加分的活动（收拾房间，纸张分类，锻炼身体等），以及能给你带来快乐的活动（准备一份精致的美食，沐浴，看电影，和朋友在森林里散步，修剪花木，演奏乐器，和朋友出去消遣等）。当你开始感到悲伤或者动力不足时，就去进行这些活动。要注意的是，你也许已经知道，当你感觉很糟糕的时候，通常会什么也不想做。但不要总是等到自己想做这些对自己有益的事情时才去做：只管去做好了，你的动力和快乐会自己回来的。

3. 记下每天要做的至少一件有积极意义的事情。注意，不要刻意去做什么大事，幸福有时就在于一个微笑，一种味道，一道风景，一种天气，一通电话，一顿美餐……当消极思想再次出现时，就再品味一下这些微笑的幸福瞬间。

你也可以在记事本上写写画画，或者贴上自己喜欢的文章和照片。

更加注意自己的需求和渴望：尊重自己

要舍得为自己花时间。你总是花大量的时间，以损害自己的身心健康为代价去满足亲人、朋友、同事和其他人的需要，而你自己其实也有各种需求（爱、关注、感激、快乐、休息等），考虑自己的需求也是十分重要的。

药物治疗、EMDR疗法和正念疗法为我们打开了通往宁静的大门，这些疗法可以教会我们学会照料自己，这也是与家人、朋友、患者和他人和谐相处的核心前提。

其实那段抑郁的经历对我的日常生活是有所帮助的：它是我人生中一个黑暗的时期，一想到它，我就会更加珍爱生活以及曾经被我忽视的那些幸福时刻。我再也不会迷失在无休止的斗争中，我拒绝在这上面花费自己的时间和精力。但唯一使我让步的是对痛苦的抗争，因为我们每个人的一生中都难免会发生痛苦的事情，可是我们还是有很多其他方法来化解它们的，因此，我们无须费时间和精力与痛苦抗争。在我的工作中，每当面对一个痛苦的患者时，我都能理解他的遭遇和感受，然后我会倾尽全力帮助他走向内心的平静。

你是打不倒我的

没有人愿意去承受痛苦，然而生活就是这样，每个人在人生道路上都会遭遇痛苦。我被卷入抑郁的风暴中时，那种精神上的痛苦是十分强烈的。我曾经以为很难走出这种抑郁的状态了，但是通过一年的EMDR治疗和日常的冥想训练，我最终找回了我自己。这就是幸福！EMDR疗法可以"清理"我们的大脑，了结"旧账"，使我们与自己重归于好；正念认知疗法则开辟了接受自我的道路，因为尽管EMDR疗法为我们扫除了错误的信念，但我们性格中的优缺点依旧存在。冥想训练（正念疗法的核心）使我们能够跳出来，甚至带着幽默感去审视自己的缺点："你又出现了！不过你是打不倒我的！"另外，冥想训练还让我学会接受生活和他人原本的样子。

外部的帮助必不可少

虽然我本人就是心理治疗的专家，但当我需要知道，自己身上到底发生了什么，以及如何走出困境时，外部的帮助还是必不可少的。

因此，当我们感觉不好时，就要摒弃所有的疑虑（令人生畏的心理医生，不敢倾吐真心话，对诊疗费用的担忧，等等），去找心理医生进行咨询。但是，有些心理学家和医生对众多认知行为疗法和以上我提到的情绪疗法嗤之以鼻，因为在他们看来，这些疗法根本不能像诸如精神分析治疗等疗法那样"深入"治疗心理疾病。然而，我和其他患者的亲身经历表明，这种针对心理和情绪的调理会给我们带来真正持续有益的变化，带领我们走向未来，走向我们都在寻找的幸福。

最后，以一句名人的言论来结束我的故事：

"愿我拥有接受不能改变之事物的平和心态，改变能够改变之事物的勇气，以及区分二者的智慧。"

——马可·奥勒

第二部分

觉醒你的内在愉悦

我们的价值并非需要外在物质、成就或他人的评价来肯定。真正的满足和幸福源于对自己内在本质的认识和接纳，而不是通过不断追求外在的东西来填补内心的空虚。幻想并不能将你引导向泰然与平和。

第四章　在工作中以身为女性而自豪，别处亦如是

法特马·布韦·德拉迈松纳夫　巴黎圣-安娜医院女性酗酒问题咨询科的精神病医生。在奥迪尔·雅各布出版社出版的主要著作有《面对酒精的女人——反抗，走出来》（2010年）。

> 女性在很大程度上是通过工作来缩短与男性的距离的，只有工作才能为其带来真正的自由……
>
> ——西蒙娜·德·波伏娃

是的，不过，正如库基·丁格勒在20世纪80年代唱的那样，"做个自由的女人，'不是那么容易的事'"……长久以来，我们都隐隐地感到这种通过工作来实现自我解放的途径仍有待商榷，其负面效应一直被避而不谈。最近的一项调查结果表明，女性问题的核心其实在于对生活与工作之间平衡的掌握。[①]

何时才能实现"两性平等的合理利用"

女人们都希望能够做到生活与事业双丰收，这也没什么错，因为某些国家的女性确实能够做到这一点。据我所知，在法国，关于职场女性心理健康的研究少之又少，而且这些研究均指出，想实现

[①] 2010年法国民意调查机构IFOP关于妇女的普遍生存状态的民意测验结果。

生活与事业的双赢，就要付出沉重的代价：更多工作上的烦恼，两倍的自杀倾向，更容易精疲力竭或在工作中受到骚扰，以及持续上升的对精神类药物的需求。我们已经见过不少关于收入的不平等、责任的不断增大以及医学方面的各种数字等社会学研究数据，有了这些数据，职场压力与女性生活现状之间的关系一下子就明朗了。只有将社会心理学纳入思考的范畴，才能实现我所说的那种"两性平等的合理利用"。

身为职场女性

来找我咨询的女性，她们的生活状况在当今社会是被视为十分正常的。是的，我们已经被这种错误的看法洗脑了，女性的诸多烦恼都是天经地义的："你感到疲惫，这再正常不过了，因为你不但要工作，你还有孩子，还要做家务。"所有人都这么说。于是，无论是习惯使然、缺乏自信，还是出于负罪感或保持良好状态的欲望，女人们一直在为这种乱成一团的生活状态所累，有时甚至到了自己所能承受的极限。她们实现自我价值的路上主要有两个障碍：找人照看孩子的困难（如果父母或者公婆可以帮忙，或者具有一定的经济实力的话，这个困难会比较容易克服）和事业发展上的困难。"发展"一词包含两方面，一方面指工作环境的改善，另一方面指升职和进入管理层的可能性。

接受心理治疗的女性一般都会说自己感到心力交瘁。她们会讲述自己的疲惫感、抑郁感、焦虑情绪以及为减压而采取过的措施。她们的许多问题通常都围绕着自己这种受到威胁的女性身份，她们总是被这样一种矛盾的建议折磨着——"'女人'一点没什么不好"，人们常说，"但也别太过头"。但是在持续紧张的工作状态下，连时间的流逝都注意不到，又要怎样注意让自己"女人"一点呢？当女人们意识到该"女人"一点的时候，想要过上梦想中的那种家庭生活也为时已晚了。她们意识到自己在社会地位方面确实胜过了母亲那一代人，然而在其他方面却输得一塌糊涂。许多女性承认，她们必须男性化一些才能够获得职场上的成功。确实，那些拒绝男性化的女性，即便工作再出色，也经常是被排除在决策层之外的。她们的努力从未换来相应的回报。她们的沉默和负罪感表现得不太明显，而这种状态让她们的老板感到很满意，反正她们的疲惫感还没到引起注意的地步。

生为女人并不是错

有些女性认为这种低人一等的生活状态是命中注定的，而我正希望帮助她们从这种沉默而长期的认命心理中走出来。不，我并不是苟同伊本·赫勒敦[①]那种"男性骨子里就有专横与互相压迫的倾向"的观点，我只是说，女人是可以活得更好的。为了说服各位读者，我会列举当今职场女性具有的一些典型意义的生活片段，之后与各位分享几个轻松做女人的窍门。

谁来照看孩子

克拉拉是位音乐家，她孜孜不倦地埋头工作，从不注意时光的流逝，也从没有稳定的感情生活。一直单身的她到了生孩子的年龄，决定像歌中唱的那样"自己生养一个孩子"。怀孕的那段日子必然是她生命中最美好的时光，她似乎正在向着幸福大踏步地前进。于是，像法国很多将要做妈妈的女性一样，克拉拉也开始了漫长的战斗历程，真正展开了"寻找圣杯"的行动：给孩子找间托儿所！然而她的努力并未见效，甚至连轮流看护的法子都行不通。但这难不倒克拉拉，

[①] 伊本·赫勒敦（1332—1406），中世纪阿拉伯著名哲学家、历史学家、政治活动家。

她不是那种能被轻易打败的人：她决定，一边在家工作一边自己照看孩子。

离群索居，不稳定的生活，抑郁

最初几周幸福的亲子时光过去之后，困难接踵而至。在家远程工作使她无法完成某些特定任务，因为客户经常要求与她面谈。克拉拉越来越不受信任，最终丢掉了工作。结果呢？她的生活陷入了不稳定的状态。

很不幸的是，克拉拉的这种情况并不少见。2002年的一项调查显示，64%的三岁以下儿童是由父母照看的，这其中还有超过半数的孩子是由母亲一人承担照看的任务。而那些独自抚养孩子的女性又是怎样一种状况呢？如今，法国约有240万名单亲家庭的孩子，他们中大多数是和母亲一起生活[1]。孤立无援的单身母亲很难摆脱不稳定的生活状态，这种状态会引起某些心理障碍，并影响到孩子的成长。儿子出生以后，克拉拉在事业、心理和社会方面的状态都急转直下。一想到儿子可能是自己落到今天这般田地的原因，她马上就会产生负罪感。"是我想要这个孩子的，这不怪他，应该怪我！"她总会愤怒地下此结论："难道应该为了体面的生活而抛弃自己的孩子吗？"唉，很多母亲命中注定要面对抚养孩子和工作之间的冲突，以及由此导致的残酷的自我牺牲，因为没有人能替她们照看孩子，或者她们已经疲惫到无心向他人求助的地步了。她们渐渐脱离了社会，切断了一切与家人和朋友的联系，被负罪感啃噬着，堕入了悲观的无底深渊，并逐渐陷入抑郁状态而无法自拔。滥用抗抑郁药物使她们无法保持清醒状态，她们意识到了专业的心理治疗会对

---

[1] 安娜·埃杜、玛丽－泰蕾兹·勒塔布里埃、娜塔莉·乔治：《法国单亲家庭》，国立经济数据研究所，2007年6月。

她们有所帮助，就如克拉拉一样。第一次来问诊时，克拉拉还是个靠低保生活的人，没有任何工作，负债累累，而且患有抑郁症。在精神痛苦的外衣下，我看到了一个勇敢、强壮、意志坚定的女人，她只是被生活的苦难所伤，在生活黑暗的阴影中迷失了方向。诚然，像很多女人一样，她的这种窘迫的生活状态通常是由缺乏亲友陪伴引起的，然而克拉拉主动忽视了真正造成其抑郁的烦恼。很多像她一样要得"太多"的女人都受到了生活急转直下这样一种不公正的惩罚，克拉拉也正受困于此。说到底，她唯一的"错误"便是既想做母亲又想保住自己的工作。社会的大铡刀轰然落下，无法两全其美成了一种必然的结果。

找回自信才能走出阴影

从治疗的角度上看，目前最紧要的任务是使她摆脱这种拴住她的深深的无能感并树立起自信心，而且要马上对她的抑郁症进行治疗，帮助她重新步入社会正轨。在法国，正常情况下，健康服务意味着要全面负担起患者的健康状况，包括医疗方面、心理方面和社会方面，都要照顾到。我建议克拉拉在接受药物治疗的同时进行后续的心理治疗。这种心理治疗最初主要致力于对患者心理的积极强化："不，克拉拉，这不是你的错！你是个强大的女人，绝对能实现你的梦想。你只是像其他女性和其他家庭一样遭受了社会的不公正待遇。幸运的是，你意识到了自己的状态不正常，并及时来这里问诊。我们一起来让一切恢复正常吧。你的孩子已经长大，你的负担就相对小一些了，有些事情还是可以挽回的。"很快，克拉拉开始以一种从容的态度面对自己的生活，并重拾了自己骨子里的那种斗志。她的儿子现在已经上小学了，这给她留出了一定的时间在一个组织的帮助下完成相关的行政手续。如今，克拉拉有了一份能糊口的工作，这使她找回了尊严和自信，并能更乐观地面对未来。她希望最终能够创建属于自己的教育机构，提供音乐教学，并在家工作。如今，有不少与克拉拉有着相同情况的单身母亲都选择了自主创业。

你并不孤单

很多女性在抚养孩子的最初几年都受了不少罪，她们在这段困难时期都曾遭遇过非常棘手的麻烦。但身为女人，绝不能默默地独自承受着这一切，而是应该尽快寻求帮助，会有专业人员去倾听你的苦恼并向你伸出援助之手。女人也可以幸福，也可以快乐。重拾信心后，你就可以更好地实现自己的梦想，一些科学研究证明了这一点，并指出，受益于社会职业介绍机构的女性不但生活更加幸福，工作上也更加出色。我相信，在不久的将来，法国的家庭政策会适应女性的需求：女性在这方面的意识已然觉醒，很快就会爆发了！我在这里向大家透露一个鲜为人知的数据：在法国，有52%的选民是女性哦！

这些话能帮到你

是不是在克拉拉的身上看到了自己的影子？请记住下面几句话，它们会在你面临生活窘境时帮到你。

不止我一个人面临这种情况。

我什么都没有做错，要孩子这件事更不是错，因此我不必有负罪感。

自我牺牲已经变成女人的一种常态了，我对此感到很不满，我必须找到解决的办法。

我不能就这么默默地忍受着痛苦，我应该说出我的愿望，不说出来又怎么能得到呢？

我应该学着"侦查"出自己哪里不对劲。抑郁状态、持续的疲惫感、失眠、行为的突然转变、沉浸在忧虑的感觉里、产生竖井心理[①]等都是病态的表现。它们并不是女性生来就有的特质，我们可以行动起来与它们进行有效的对抗。

永远不要独自一人胡思乱想，那样只会产生无能感、信心的缺失和负罪感。

我对自己的要求太苛刻，也太自负了。正是因为这样，我从来不敢向他人倾诉我的失败和痛苦。我错了，因为寻求他人的帮助，这本身是一种谦虚表现，也是一个人的尊严所在。别人会帮我走出困境，这并不丢脸。

旁观者的意见是必不可少的。医生会指出我看待生活的错误视角（抑郁的人通常都会以这种视角看问题），然后他会帮助我走出阴影，发现事物的另一面。

目前的社会情况下，想要家庭事业双丰收的女人们通常要承担很大的压力。作为个人，我确实无力改变现状，但作为群体中的一分子，我可以为事情的前进添一分力，比如我可以抓住一切机会向他人强调目前女人们面临的这个问题。

你不能感到痛苦

米里埃尔是名五十八岁的已婚妇女，是三个孩子的母亲，还是某公共行政机构的高层管理人员。她经受了各种困难——自我牺牲、自我怀疑以及他人的质疑，才最终到达这个位置。自从女性渐渐开始担任负责人的职务，便有了这样的说法：这些女人肯定被"潜规则"过！这种愚蠢的说法在男性的职场中特别站得住脚。凡是散播这种谣言的人，都是不肯接受女性的升职与男人毫无关系这一事实的男人。"即便她不是靠我，肯定也是靠别的男人爬上去

[①] 更倾向于在自己已经建立的舒适空间内交流的心态。

的!"米里埃尔要改变的是这种男性话语占绝对主导、女性完全被剥夺话语权的现状,而这一点是她很久以后才意识到的。她要付出双倍的精力和努力才不会引起别人对她坐上这个职位的质疑。第一次见到她时,她处于慢性疲劳状态,而她给自己开的处方便是各种药物和酒精。她已被工作折磨得疲惫至极,完全无法从中获得任何心理上的满足。

骚扰来袭

她的新上司被形容成是一个粗鲁而讨厌的暴君,他不喜欢米里埃尔有强烈自主性的办事风格,因此决定给这个骄傲的女强人一点颜色瞧瞧。她并不是第一个受害者,其他被盯上的更年轻一些的女人都为他的身份而倾倒,但米里埃尔从来没有因他的地位而对他产生任何仰慕之情。她对他恫吓的语言表示无动于衷,照常工作,并没有看出即将到来的危险。随后这个男人令她感到不安。"让我觉得后背直冒凉气。"她说道。这可以被看作女性觉察到骚扰时的信号吗?可以,因为这个男人确实把她当作了猎物。不过她并没有反抗,而是觉得自己会像往常一样重新振作起来。她忽略了这种捕食者的凶猛本性,他们是以让猎物痛苦为乐的。他私下对她恶语相加,还通过群发语气强硬、言辞专横、内容前后矛盾的电子邮件使她失信于众。米里埃尔很快就败得一塌糊涂,而且很久以后才意识到这只是一个巨大的噩梦的开始。她成了精神骚扰的受害者,并表现出很典型的症状:不敢去上班,不停焦虑地胡思乱想,睡眠很不安稳,还会做关于上司的噩梦。米里埃尔渐渐失去了食欲,开始瘦了下来:她正任凭自己渐渐落入抑郁症的泥潭。出于自负心理,更出于总有一天会重新振作的信念,她并没有向任何人倾诉自己的苦恼,她只是向其他受害者寻求帮助,但她们并不敢公开对她表示支持,怕遭到报复。

沉默是变态者和他们所作所为的养料。这些恶行令人无法忍受,我们也可在心理咨询中看到其严重后果。变态者们针对女性负责人的攻击策略通常是以他们"不可指责"的地位为保障，这种地位可以使他们免遭受害者的告发。

从负罪感的坡下爬上来

米里埃尔最终对人事部经理讲述了自己的遭遇，而对方的回答是："你应该清楚自己是一个很不好管的人啊。"米里埃尔对这一回答深以为然，因为她从经理的话中听出了某种赞许的味道。但这样的赞许通常是一个陷阱，一种障眼法，为的只是安抚你的情绪或者哄哄你，然后把这件事糊弄过去。接下来，在绝大多数情况下，女性会受到侮辱性的评价，这些评价会让她们吃大亏，并会妨碍她们事业的发展。常见的此类评价包括诸如"你无法胜任这份负责人的工作，因为你太情绪化了，而且不知道如何疏导自己作为负责人所要承受的紧张心态"，或者"你心太重了，先学着看开一点吧"。而具有同样性格的男人则会受到表扬，因为这说明他们具有威信，能够胜任领导地位。最可怕的一点是，女人们竟然相信别人对自己的这种评价。布迪厄曾写道："男性的统治地位已经深深地刻入了我们的潜意识，以至于我们根本无法察觉到这一点，而且它太符合我们的期望了，因此我们很难对它产生任何质疑。"当今这种容忍变态行为的社会体制本身已经扭曲了，因为它在精神上控制着其受害者，使她们相信自己要对发生在自己身上的事情负责："这大概是我自己的错吧！"

女性之所以在工作中受到不公正待遇，其实只是出于她们身为女性这样一个简单的事实。布丽吉特·格雷西将企业中的女性遭受最多的指责归纳为"三不谎言"，即"时间不自由、不灵活、不主动"；再加上"无法克制情绪"的嫌疑和所谓的"自我减压方面的困难"，真是不知道这些企业是怎么忍受这帮鬼上身的女人的！然而，出于自信心的缺乏，女性选择了沉默，而不是去索取她们应得的报酬。不少事实例证和研究都揭露了这一点。米歇尔·费拉里就得出了这样的结论："一个企业的管理层女性越多，这个企业运转得就越好。"可又有谁敢冒险一试呢？费兰兹①不是说过"放弃抗争的女人才是聪明的女人"吗？

这些话能帮助你停止胡思乱想并勇敢地说出自己的问题

如果你像米里埃尔一样被反反复复的焦虑思考折磨得精疲力竭，那么下面这些话可以救你一命，而且会迅速见效！

我不能向痛苦屈服，所以我要向别人敞开心扉，倾诉我的痛苦，找到解决办法。

首先，如果我胆子够大的话，我会主动找到欺负我的人，告诉他我无法接受他对我的所作所为。一旦这样做没有任何效果，我会去找上级领导反映情况，然后是人事部，企业员工代表，当然还会找公司的心理医生。

我还可以求助于其他心理医生和自己的亲友。只要我能够捅破禁锢自己的这层窗户纸，我的心理医生和亲友都会站出来支持我。他们的行为可以让我摆脱胡思乱想的状态，并重新看清事实。

我曾经以为这是我的错，几乎满脑子都是那个欺负我的人的形象，在一段时间后才发现自己的状态不正常，我的医生说这叫作"病感失认症"②。向专业人士倾诉过我的痛苦之后，我得到了他们的支持，现在我终于能够摆正自己的位置了。我变得更强大了，已经能够让事态向我希望的方向发展。

---

① 费兰兹（1873—1933），匈牙利心理学家，早期精神分析的代表人物之一。
② 识别疾病或承认身体缺陷的能力丧失的表现。

问题并不在于我。现在我知道了，他只是很阴毒地让我渐渐怀疑自己的能力，而正是这种怀疑使我处在了一种被动的脆弱状态。如果我能够冷静地分析一下情况，就会得出自己并不比别人差，至少也是和别人能力相当的结论。

我重新开始对自己的能力充满信心，这对下一步行动十分重要。是的，我已经被这件事折腾得太久了。越早对心理上的痛苦进行治疗，事情越可能向好的方向发展。

注意，永远不要与对方进行正面冲突，否则的话，亲爱的各位读者，输掉的永远只可能是你自己！欺负你的变态者们从来都有很强的攻击力，而且诡计多端，因为这就是他们的生存之道。真正能伤到他们的是你的冷漠态度，你的不卑不亢会让他们惊慌失措，同时也会保护你自己。

女心理医生是不是更容易摆脱困境

亲爱的各位读者，我和你们受过一样的罪。我足足焦虑了三个月才敢说出降临在自己身上的事——我怀孕了。生育后，我改变了自己的作息时间，常常在午休时坐在电脑前啃三明治。和你们一样，当下午五点半下班我立即走时，也受到了同事们的非议："嘿，这么早就走，是请了假吗？"和你们一样，一旦无法参加晚上计划好的会议，我就会遭到领导的指责。

是的，生了孩子以后，女人的生活规律就被打乱了，我现在就告诉各位读者我是如何走过这段时期的。我工作的时候，一半的自己是在别处的，另一半则留在工作上以保证效率。但其实还有"第三半"自己，总在想方设法在各个方面都把事情做得尽善尽美！正是这"第三半"极度强迫在各方面表现出色的自己，促使我在孩子稍微能够自理的时候产生了实现事业野心的愿望。结果太糟糕了！和你们一样，我遭遇了一系列的重创，一败涂地。尽管我表现出色，还是受到了一大堆诸如"你是一个很不好管的人"和"你心太重了"之类的评价，甚至还有人说我"加班时间太少"，等等。当我向同事抱怨的时候，他们对我的反应感到很吃惊："你可是心理医生啊，你知道怎么分析问题，应该比别人更懂得解决问题呀，不是吗？"当然不是！并不是只有外行才会感到痛苦，心理医生的身份并不能使我们免于遭受生活丑陋的一面带来的麻烦。但话说回来，身为心理医生，我们确实能比别人更早地发现人际关系上的问题或者某种人格障碍，我们的自省能力也确实让我们能更轻松地判断事态的发展，找出自己的问题所在，甚至寻求帮助。我们还可以为他人提供建议和窍门。那心理医生到底是怎么做到这一点的呢？其实很简单，就是靠着较强的判断力！

只给你一人的建议

不要屈服于痛苦。

打破自己给自己的枷锁，定期表达自己的不悦，不要一个人缩在角落里独饮哀伤。

摆脱你的负罪感，因为它会让你为一个你根本没有犯过的错误感到焦虑。

时常对自己说："至少我和别人是能力相当的，我的地位是我自己争取来的。"

拒绝别人以家长的姿态对待你，把你看成一个微不足道的小东西或者是一个孩子。你是部门负责人，不是孩子。

肯定自己的价值，你能坐到今天的位置，既不是靠运气，也不是靠招摇撞骗，而是靠你的能力。

你是一个女人，要接受这一点，而不要试图把自己变成男人。

给自己定下这样一个目标：每次会议或者每周的几次会议上至少

当众发言一次，之后逐渐提高发言的频率。

别太强迫自己，你不是"女超人"，要控制好自己的节奏。

感到累了？那就休息一下。

人际关系方面的建议

发现并学会管理自己的性格。

学会分辨出有变糟趋势的情况，做好引导事情向你希望的方向发展的准备。

留心那些会找你麻烦的人，远离他们，小心驶得万年船。

注意保护自己，不要和跟你过不去的人斗到底。

把你觉得没说明白的话换个句式再说一遍。

尽可能地化解危险的情形，以此避免冲突。

正视发生的一切，想开一点：至少没死人。

承认自己的错误，保持诚恳的态度。

寻找一个可以依靠的人。

"广撒网"：扩大自己的知识面和影响力。

鼓励周围的女性团结起来。

别和自己较劲，因为你并不自负，也无意扰乱别人的生活，你是一个工作兢兢业业、勤勤恳恳的女人。

总结

男女平等到今天仍然只是一种幻想。我们必须要深入分析社会因素，并让女性更多地参与到寻找解决办法的公开讨论中去，只有这样，才能真正实现男女平等。到那时，女性将会证明，当今社会的法则都是由男性制定的，女性无从适应，甚至被这些法则刻意排除在外；到那时，女人卖力劳动，而男人仍然以领导自居，这样一种矛盾将不再为人所接受；到那时，面对诋毁她们能力的不公评价，女人再也不会沉默下去，因为柏拉图曾说过："城邦的堕落始于欺骗的言语。"

  不少研究者发现，法国的工作环境在全欧洲是最受批评，也是最具病态的，针对这个问题，我找到了两个主要原因：人性化程度的低下和个人职业管理部门工作透明度的缺乏。当今人力资源管理的模式仍然是以男性为基准，不符合现状，而且严重过时。今天的女人，其工作能力和野心都空前巨大，却未能坐到一直被男性霸占着的管理层位置。有些男性其实也受困于这种过时的管理模式。女人从自己身上发掘出了新的价值，以期让男女从此处在同一起跑线上。要从娃娃抓起，给女孩子以信心，让她们尽情追逐自己的梦想，而不以女性身份为耻，因为女性身份并不意味着智力和能力的缺乏。惊叹于辛西娅·弗勒里的《勇气的终结》，我也曾试着寻找勇气，后来我真的找到了它，它藏得实在是太隐蔽了：它其实就在女人的身上，女人只需要把它重新找出来就可以了！

第五章　如何无惧衰老与死亡

吉尔贝·拉格吕　巴黎第十二大学医学院名誉教授，血管疾病专家，法国戒烟学科先驱之一。在奥迪尔·雅各布出版社出版的主要著作有《家长们，警惕烟草和大麻》（2008年）和《要不要戒烟》（2006年）。

死亡，是人们避讳的一个话题。我们不愿谈论死亡，甚至不愿想到死亡，尤其在我们还年轻的时候。死亡是一个很"个人"的话题，因为每个人受教育程度不同，对自己一生经历的记忆不同，对哲学、宗教甚至政治的理解也不同，因此每个人对死亡是持有不同态度的。关于这一话题，我们有着无尽的讨论，历史上的主要哲学思潮和主要宗教体系也对死亡有着无尽的兴趣。

我所经历过的死亡

我们每个人都曾经历过他人的死亡，最让我们痛苦的莫过于亲朋好友的去世。在我二十岁那年，我的父亲在一夜之间突然离世，死于动脉高血压，这种病在今天是很好治愈的。父亲的死对我来说是一个巨大的打击。他留给我的是一个年轻男人的印象，这个男人将他对诗歌、戏剧和文学的兴趣传给了我。那时我们在假期有一起运动的习惯，包括骑自行车和打网球。日后我才逐渐明白父亲的突然离世对我来说意味着什么，并一直记着这个精力充沛的男人以身作则教会我的一切。

我对于母亲的记忆则完全不同：她是在八十六岁时逝世的，此前她就已经在几年时间内逐渐失去了认知能力，大概是因为患上了阿尔茨海默病。在她最后的日子里，每次我去看她，她都会重复一句话："感谢您来拜访我。"她的去世对所有人来说是一种解脱，我对她的记忆停留在她的青年时代，我非常钦佩她独自克服生活中各种困难的勇气，然而我脑海中的影像仍然是我与她最后几次相处的时光。

我有个叔叔是医生，我和他走得很近，是他引导我走上了学医的道路。他的离世对我的触动也很深。他是个无神论者，在八十岁时患上了癌症，并且发现时癌细胞已经扩散，他要我承诺别让他受什么罪，之后他的身体就衰竭了……我履行了自己的承诺，而且希望如果自己有这一天的话，也能够有人结束我的痛苦。叔叔的形象久久萦绕在我的脑海中，我们之间关于生命、死亡和医学的讨论深刻地影响了我日后的思维方式，他的一些话到今天还在我耳边回响。那些我爱的人虽然去世了，但他们并没有消失，因为他们还活在我的心里，而不是躺在墓地里。

医生、护士与死亡

医生和护士同死亡有着一种非常密切的联系，这种联系一直存在于我职业生涯中的各个时期。

第一个时期是我的住院实习期（1950—1955）。无论在哪个科室，我每天都会与死亡打交道。在那个年代，医院还是在大厅里安置患者。每天早上，住院实习的医生一踏进大厅，前一晚的患者死亡情况就一目了然：死者的病床会被两条白床单围成的临时吊帘遮住。值夜班的时候，我们也经常会被叫过去确认患者是否死亡或者为患者进行收效甚微的抢救。每天都会有患者死去，至于各种各样未知的死因，就要等待第二天的尸检报告了。1952年时，我还是一名年轻的见习医生，一个很残酷的小故事引起了我的深思：我们的"院长大人"只是每天早上到医院露一面，有一天他问病房监管人："有没有濒死的患者要我过去打个招呼呀"……简短的巡视过后，我听到他说了好几次"我们要问问莫尔加尼医生的意见"。莫尔加尼医生可是著名的尸体解剖专家！事实上，这种过分的玩笑背后隐藏的是一种深深的不安，面对如此多的病因不明、治疗无从下手的绝望病例，我们都产生了这种不安。

在儿科工作的那几年，我所接触到的死亡尤其令我备感心痛。关于急性白血病的记忆使我感到十分痛苦，这种白血病的患者通常只剩下几周的寿命：我是应该将这个无法阻止的结果告诉孩子的家长，还是应该再留给他们几周的希望？幸运的是，如今这种白血病有着和其他癌症一样高的治愈率。除了急性白血病，还有伴随严重心脏病变的急性风湿性关节炎，尤其是急性肺结核和结核性脑膜炎，这些病发作后，患者都会在几周内死亡，直到最初几次在临床上使用链霉素才出现治愈的"奇迹"。这些病在至少半世纪后的今天基本上消失了。我总是被这些年幼的患者表现出的自尊和对死亡的无动于衷所感动——大概也可能因为他们根本不知道死亡的真正意义。在读过埃里克-埃玛纽埃尔·施米特[①]那本令人震惊的《奥斯卡与玫瑰夫人》后，我又回忆起当年的种种：通过情感同化与温柔的照顾来减轻患者生命最后几周的痛苦。由于我实在无法承受目睹患儿受痛苦的煎熬，我放弃了儿科。

推迟死亡的到来：人类巨大的进步

从1955年到1960年，我开始探索研究肾脏病学，当时这个学科几乎还是一片空白。尿毒症是肾脏被疾病击垮后的一个阶段，患者在发

[①] 埃里克-埃玛纽埃尔·施米特（1960— ），法国知名小说家，剧作家。

病后几天或者几周内就会不可避免地面临死亡，死前会极度痛苦，当年我们能做的只是尽力减轻病痛。半个世纪以来，这方面的医疗发展突飞猛进，通过对生理学的研究，我们可以暂时缓解患者的痛苦。尤其值得一提的是，血液透析可以弥补肾功能的缺失，死亡从此不再是必然结果。血液透析之后又发展出了肾脏移植。然而，最初的几年情况仍然十分糟糕，因为并不是所有患者都能够享受到这些进步带来的好处，必须由医生来选择哪些患者可以活下去……以及哪些患者只能等死。幸运的是，通过越来越完善的手段，很快，所有患者都能够得到治疗，其生命也得到了延长。在法国，每年有六万以上的尿毒症患者能够得到救治。

在半个多世纪的时间里，医学发生了翻天覆地的变化，医学专科化程度有了很大提高，死亡到来的时间就这样渐渐被推迟了。

而以上的几个例子却让我想到，总有一天，生存会比死亡更难，或是出于生理上的痛苦，或是出于精神上的厌倦。我的一个老师刚刚过完百岁生日，我给他送去几句充满深情的话语表示祝贺，在他的回复中，最后一句话却是："一百年真的是太长了！"

不同时代对死亡的理解

人类对死亡的恐惧是天生的。人类一旦产生自我意识，同时对身边的人以及自己生活群体里的人也产生意识后，就会出现这种对死亡的恐惧，因为人类是一种社会性动物。意识的出现必然可以追溯到物种进化的初期，丹东[①]把意识描述为"原始的情感"。正是这种情感唤醒了动物的一系列感觉：当这种情感促使动物发展出复杂行为时，随之产生的饥饿感、口渴感以及对性伴侣的寻找就是意识的

---

① 德里克·丹东（1924— ），澳大利亚科学家，研究方向为动物的意识形态。

各种状态。

人类出现以来,其大脑体积就在进化过程中逐渐增大,从南方古猿的400至500立方厘米发展到智人[①]的1400立方厘米。人类从此明白,他人是和自己一样的人,所有人都会有消失的那一天。这种意识马上在人类的身上引发了对死亡的恐惧和焦虑,因为面对这种突然到来且无法理解的现象,人类完全哑口无言……因此人们开始寻找在另一个世界里的另一种生存形态,换句话说,他们在本能地拒绝接受死亡。

为驯服死亡而生的宗教与哲学

出于自我保护的目的,人类的意识创造出了各种神话,想象着人类的生命会在死后的世界里得到延续。为了让死者在另一个世界里继续生活,人类社会很早便出现了墓葬仪式,这一点在中东地区的史前遗迹中尤其可见,并可追溯到十万年前。死者被安葬在墓地里,身边放置着供他在另一个世界里生活的必需品。在整个欧洲大陆上(公元前五万年—公元前三万年)发现的这类墓葬也为数众多。这些墓葬仪式是人类早期文明出现时,与语言和文字一同发展起来的。智人是唯一能够使用发音清晰的语言的动物,而不是靠吼叫和咕噜声交流,这使他们得以将学习的能力、思想以及情感代代相传。

吉尔伽美什的传说

人类史上最早关于死亡的记述是美索不达米亚平原上的一个国王吉尔伽美什的传说。他曾经认为自己是永生不死的,然而在看到自己的兄弟消失以后,他意识到自己有一天也会死去。出于对死亡的恐惧,他出发去寻找能给他带来永生的东西。在经历了一段漫长的旅

[①] 智人是生物学分类中,我们全体人类的一个共有名称(学名)。

行之后,他终于接受了自己也会死亡的现实。这则传说强调的一点在于,人类无法通过亲身体验来理解死亡,而是在目睹他人的死亡后才理解这一现象,接下来人类就会焦虑地发现自己总有一天会彻底消失,因此他想象自己的一部分,比如魂魄或者灵魂,能够在肉体消亡后继续存在下去。

古埃及文明加重了人类对死者崇拜的心态,对死去的法老、王后以及达官贵人的崇拜更是达到了一个顶峰。每一个埃及人死后都是有墓地的,因为要保证他们在往生世界中能够继续生存下去,这便是使尸体保存完好的木乃伊工艺的初衷。通往墓穴的长长的走廊上装饰着讲述死者生平和善举的壁画,墓穴中摆满了供死者在往生后使用的各种祭品。曾在古希腊和古罗马时期出现的关于死亡的哲学辩论,大体可分为两个对立的观点:

柏拉图(公元前427—公元前347)一派认为,人类身上有两个部分:终将消亡的肉体和永生且不可摧毁的灵魂,后者要么堕入地狱,要么升上天堂进入神域。

爱比克泰德[1]、伊壁鸠鲁[2]以及德谟克利特[3]一派则以他们出色的直觉发展出现代科学的前身理论。现代神经生物学所发现的某些事实是这些哲学家在当年就已经描述过的。伊壁鸠鲁曾说:"生命存在于宇宙进化和物质转换的大循环之中。当我们存在时,死亡未至;而当死亡来临时,我们便不复存在。"由此看来,我们不应对一个不存在的东西感到害怕,因为我们的身体和灵魂都是由原子和虚空构成的,当

---

[1] 爱比克泰德(55—135),古罗马斯多葛学派哲学家。

[2] 伊壁鸠鲁(公元前341—公元前270),古希腊哲学家,无神论者,伊壁鸠鲁学派创始人。

[3] 德谟克利特(约公元前460—公元前370),古希腊唯物主义哲学家,原子唯物论学说创始人之一。

我们死去时，身体和灵魂就消失并回归到宇宙中去了。对永生的渴望只是一种幻想，因为这根本就是一件不可能的事情。因此我们应该充分地利用生存的机会，而不是一辈子自私地活下去。岁月流逝，我们能够剩下的并不是终将消亡的皮囊，而是一生的所为留给后人的记忆。我们追求的应该是心灵和情感的泰然，并把幸福而充实的生活作为人生的终极目标。古罗马的卢克莱修[①]和塞内卡[②]将这一理论发展成为斯多葛主义，即人类的幸福在于合乎道德的禁欲以及对理性的顺应。

大多数古希腊人和古罗马人信奉多神教：地面之下的世界是地狱，一条可怕的大河——冥河将地狱与活人的世界分隔开来。上天则是诸神的王国。而三种一神论宗教——犹太教、基督教和伊斯兰教也沿用了这些传说，并宣称肉体可以再生，灵魂是永生不死的，一生行善的人死后可升入天堂，而作恶者死后要接受惩罚，堕入地狱。

东方人的理论完全不同，比起一神论来，我感觉自己更加认同东方理论。后者认为，并不存在一个唯一的上帝，有的只是和谐生活的伦理观以及两位伟大智者——孔夫子与释迦牟尼所传授的智慧箴言。这两位智者基本上生活于同一时期，即公元前五世纪至六世纪。在东方的宗教中，身体会消亡，而灵魂会永远不断地通过其他的肉体完成重生，这就是所谓的转世投胎。

生命的必经之路：衰老

我们的生命总在不可避免地流逝着，我们会感觉时间在加速，一天又一天，一月又一月，一年又一年，越走越快。这种感觉其实是一

[①] 卢克莱修（约公元前99—约公元前55），罗马共和国末期的诗人和哲学家。
[②] 塞内卡（约公元前4—65），古罗马悲剧作家。

种生物学上的事实。衰老有时会被含蓄地称作"年龄的增长",有些人可能对衰老十分抗拒。每当我们经历一个标志性事件——五十岁生日、六十岁生日、退休等,我们的精神状态就会下降一些,并会因遗憾而感慨:"真怀念当年的好时光啊!"这种想法是错误的,我倒认为,年龄增长是一件幸运的事情,最明显的证据就是,每长一岁,我都发现自己还活着,死亡还没有降临。

如果与我的祖父母甚至是祖先对比一下,我们就会得到一个非常喜人的消息和不惧怕死亡的理由,那就是死亡已经被推迟很多年了。如今,在西方国家,四十不惑的中年人已经可以比他们的祖父母平均多活将近三十年的寿命。半世纪的时间里,男性的平均寿命从五十岁到五十五岁延长至七十七岁,女性则延长至八十三岁。这一现象与医学的进步密切相关,无数曾经的不治之症现在都可以被治愈。我们的生存状况也有了很大的改善,许多由年龄增长导致的病弱现在都可以得到医治。另外,为老年人恢复视力的白内障手术也已经普及,还有避免让老年人与世界隔绝的助听器以及其他医学进步……我享受到了这一切的福利。在二十一世纪的今天,健康长寿的机会很大,不过我们也不能浪费这种机会,能不能长寿取决于你自己。事实上,尽管医学有很大进步,我们仍然可以看到本可以避免的疾病出现,因为这些疾病与我们的行为是有很大关系的,这牵扯到如吸烟、营养不良或过剩、酗酒以及足不出户的生活方式等问题。如果你有以上问题,就可能失去相当大一部分医学进步带来的好处。那些本可以避免的疾病是六十至七十岁的人群中过早患病和死亡的主要原因。

如何延长寿命

烟草是造成癌症以及心血管和呼吸道疾病并发症的罪魁祸首,它可减寿十到十五年,每年都有八万人死于吸烟。而烟草也是最容易避免的一个致病因素。如果你是烟民,无论你现在多大年龄,为了你和你的孩子,请尽早戒烟;如果你不是烟民,你的孩子相对也不太可能成为烟民。我很庆幸自己不是烟民,并且二十年来我一直致力于帮助他人戒烟。

至于酒精饮料,每年有四万多人由于每天饮用两杯或三杯以上的红酒或者其他等量的酒类产品而过早死亡,这也是可以避免的……

过量摄入糖和脂肪也可能造成各种早发性疾病,并伴随着肥胖和其必然结果——糖尿病的风险。

想要长寿,运动是必不可少的。一个世纪的时间里,我们的生活发生了翻天覆地的变化,我们变得不爱出门了。运动可以预防血管老化——身体有多老,人就有多老。运动还对保持心态平衡有积极的作用。总之,运动有利无弊!我的父亲给我开了一个好头,以至于我在很小的时候就爱上了运动——跑步、骑车以及打网球,并且一生都在坚持锻炼。不过我们首先要怀着一颗热爱运动的心,并且不能操之过急。话说回来,说者容易做着难,老习惯确实很难改掉。那么就想一想运动带来的好处吧,它在延年益寿的同时还可以为你保证高质量的生活。"明天又是新的一天,未来掌握在我们手里。"加斯东·贝尔热[1]如是说。

对抗衰老的经验

大脑衰老的时间可以被推迟。与我们长久以来的观念正相反,脑

---

[1] 加斯东·贝尔热(1896—1960),法国哲学家、心理学家。

功能的衰退并不是不可抗拒的。诚然，随着年龄的增长，神经细胞的数量会减少，但近期研究表明，两种生理过程可以弥补神经细胞的缺失：

神经发生：神经干细胞可发展出新的神经细胞。

神经重构：很多神经连接可通过外部刺激建立。

事实上，大脑是最能抵抗衰老的人体器官，不过这种抵抗只能通过满足以下两个条件来实现：

尽可能避免接触一切能对神经元造成损害的有毒物质，尤其是酒精，同时也要注意预防血管老化，因为这可能对脑部血管造成损伤，而大脑又必须依靠脑部血管输送氧气才能保持正常运转。

更重要的是要经常锻炼你的大脑。正所谓用进废退。有很多方法可以锻炼大脑，比如阅读、使用电脑、做填字游戏、下国际象棋……还可以上老年大学，总之，就是参加一切能够让你思考的活动，同时也不要忽略正常的人际交往。另外，还应该给自己找一个人生目标，比如可以在退休后加入社团组织。我在退休后仍然继续我的工作，一方面出于爱好，另一方面也是为了继续做贡献。身体有多老，人就有多老，但大脑的年龄最能说明问题。

最后，我们每天都要对自己说，活在二十一世纪初，活在一片没有战争的和平土地上，能够享受到生活中的各种进步，这是莫大的幸福。能在半世纪的时间里亲身经历科技、生物学以及医学的进步，这是一种绝妙的体验。

死亡的信仰

我们对于死亡的理解正在随着生物学以及神经生物学的最新发展而变化。在宗教和哲学层面上研究过死亡之后，我们如今进入了理性时代。近十年来，出现了不少推崇以科学视角看待死亡的著作，如帕斯卡尔·布瓦耶、斯科特·阿特朗、杰拉德·埃德尔曼、让-皮埃尔·尚热等人的作品。

人类是唯一对死亡有所理解的动物。他了解自己的命运，也能感知到他人，不幸的是，他还能注意到他人的死亡。这种意识的出现可以追溯至人类仍然无知的年代，如旧石器时代，因为那时（距今十万年甚至更早）就已经出现了关于死亡的神话。智人也一直在为身边的奇怪事物、超自然现象以及充满敌意的环境寻找合理的解释，如疾病、死亡、自然灾害以及大型食肉动物等。为了保护自己不受以上灾难的侵害，智人便去寻找这些灾难的解释，寻找其中的人为因素以及"为什么"的答案。他们甚至还曾经寄希望于巫术和超自然力量。

在得知自己终将死亡后，人类凭想象创造了另一个世界，那是一个死者的世界，我们的祖先都在那里。甚至在某些人的想象中，那个世界里还有魔王撒旦、各路鬼怪以及魔法的存在。

古时的信仰与个人信仰

帕斯卡尔·布瓦耶在其作品中十分详尽地描述了神话传说的诞生过程。那些在内容方面的反直觉——与生活经验相矛盾的神话更有可能被人们记住，这种反直觉的例子也是数不胜数，比如会说话的树或者动物，泛灵论①，能在水面上行走的人，能驾车上天的骑手。这些代代相传的神话就是宗教的"理论"基础。斯科特·阿特朗在其作品中强调了这些神话信仰中存在的悖论。怎么把它们与讲给孩子们听的童话故事区分开来呢？这就是一个典型的米老鼠问题：一面是"米老鼠"的故事，另一面是古代神话以及神话中能让人为之献出生命的诸神，区分这二者的情感因素都有哪些呢？

---

① 认为自然界一切事物和现象都具有意识、灵性的一种学说。

对于生命现象的真正原因——克劳德·贝尔纳①所谓的次要原因的研究是近一段时间才兴起的，确切地说是在不到半世纪前兴起的，这在人类历史上只是很短的一瞬。在此期间，人类所理解并实现的一切，仔细想来，简直是不可思议的，很多科技进步在十至二十年前仍然被视为科学幻想。

目前我们已经对死亡做出了理性解读。死亡是一种很基本的生物学现象，它在物种进化的历史上从来都是不可避免的。从有性繁殖和多细胞生物出现的那一刻起，这二者始终由两部分组成：

1. 一部分是生殖细胞，里面包含着能够永存的基因，也就是理查德·道金斯②所说的"自私的基因"。生命和物种的特性都是通过生殖细胞传承下去的。

2. 另一部分是体细胞，体细胞可形成一层临时的外壳，一种在确保基因组顺利遗传下去后便会消失的物质。

那么现在死亡的客观含义就明确下来了，但是相信死后仍然以某种形式存在下去的观念属于个人主观信念范畴的问题，这类问题没有标准答案，"公说公有理，婆说婆有理"。

你可以相信上帝的存在，那么你要么是一神论者，要么是自然神论者。

可以是不可知论者，也就是说"我不知道"的人。

还可以是无神论者，不相信上帝的存在，比如我。

这是情感范畴的问题，而不是理性范畴的问题。

死后继续存在的信仰显然与宗教情感密切相关，三分之二的宗教信徒都相信这一说法，不过也有五分之一的不可知论者甚至少量无神

---

① 克劳德·贝尔纳（1813—1878），法国生理学家。
② 理查德·道金斯（1941—　），英国皇家科学院院士、牛津大学教授、著名科普作家、生物学家。

论者也相信这一说法！自称无宗教信仰的人中，有一半的人仍然在沿袭各种宗教仪式，比如婚礼和葬礼仪式等；有三分之一的人相信超自然力量；还有十分之一的人相信天堂和地狱的存在（见《宗教世界》杂志）。犹太基督教文化和（启蒙时代以来）面对宗教信仰的批判主义精神的力量可见一斑。

今天的信仰

魔法这一概念古已有之，可追溯至史前时代，并且今天仍然流传于某些部落和种族之中。但是，它在我们的文明社会中的存在就是一种悖论了，每当看到充斥着占星师、隐士、预言家、巫医以及动物磁疗①者的小广告的报纸，我都会感到十分震惊。这些人的话通常起到所谓的解释作用，同时也能安抚从远古一直存在至今的幽灵，正如当年他们存在于史前那些神圣的岩洞里一般。今天仍然有许多人对迷信活动趋之若鹜，要知道，祈雨和驱病仪式离我们的时代并不遥远。

魔法和理性思维之间的对立在近年越发激烈起来。有些地方仍然继承着魔法的理念，我很不理解，已经到了二十一世纪，为什么诸如占卜、扑克算命、塔罗牌、手相、驱魔仪式、乡下的巫术活动以及占星术之类的东西仍然能流传下去？尤其是占星术，这是最可怕的一个陋习，它试图在天体与人的命运之间建立起联系，它所参照的理论都是离奇古怪的，甚至与天文学的理论是完全背道而驰的。报纸、周刊、电视、电台上仍然有对超自然的信仰和稀奇古怪的迷信内容的描述，以及与死者进行交流，官方或非官方的驱魔仪式，靠利用他人轻信的心理和悲伤的情感来行骗的庸医的描述等。而且对这些内容深信

---

① 基于"动物磁气说"的一种伪科学疗法。该学说由奥地利人梅斯默（1734—1815）创立，他宣称发现一种"有磁力的水"，他把这种水装在一个大盆中，四周围坐着求医的患者，磁流通过盆中的磁棒传导至患者身上，达到治病的效果。今天被视为典型的以心理暗示骗取钱财的伪科学。

不疑的人不在少数。

我们要剥除贻害人类上千年的伪科学面具，摒弃大放烟雾弹的伪科学理论，尤其是在医学方面。我想起了发生在我的导师罗贝尔·德勃雷身上的一个小故事。我于1950—1955年在他的带领下完成了见习期、住院实习期和主治医师时期的工作。在那个期间，有个孩子得了一种很严重的病，当时我们已经有能力将其治愈，但他的父母在来医院之前竟然请人为孩子进行了好几个月的"动物磁疗"。德勃雷的一个助手听闻此事后十分震惊，而德勃雷则答道："我们国家有九成以上的人仍然处在前逻辑时代，仍然相信魔法的力量。"时至今日，这种情况依旧没有改变！

有些人试图给灵魂和死后世界的存在寻找一种科学的解释，濒死体验（NDE）就是其中一种尝试。濒死体验的对象都是遭遇严重医疗事故的人，他们经过抢救活下来以后，描述了一些很神奇的经历：他们感到自己脱离了肉体，漂浮在半空中并静静地看着自己的肉体，然后便进入一条黑暗的隧道，尽头是一道将他们吸引过去的强光……事实上，这种"转世投胎"的感觉如今已经可以用神经生物学原理来解释，通过控制分子水平的变化或者对大脑某些特定区域进行刺激，都能造成这种幻觉。

对死亡的恐惧

很多人都惧怕死亡。一些人嘴上不说，心里却潜藏着对死亡的焦虑；另一些人为了克服焦虑而不断谈论死亡，时刻准备迎接死亡，策划自己的葬礼，比如挑选葬礼的音乐和装饰等；还有一些人通过宗教信仰来确保自己能够永生。但无论是不是信徒，很多人在面对疾病这条通向死亡之路时都心存焦虑与恐惧。于是他们跑遍了医院，做了各种越来越泛滥的放射检查和生理检查，如核磁共振和CT等。专家的名号和所谓的最新技术总能让他们安心。而情绪刚刚平复下来,他们又会产生新的焦虑,继而开始新一轮的检查。古希腊人与古罗马人都曾说过:"智者从不惧怕死亡。"然而,说起来容易,做起来难,如何做到不惧怕死亡才是关键。在这里,我们可以看看蒙田的至理名言:"惧怕遭受痛苦之人,本身就已经在受痛苦的折磨了。"当然,我们可以把死亡的念头放在一边不去想,照常度过每一天;也就是说,我们明知自己终会死去,却仍像能够永生一般一天天活下去。

不同方面的恐惧

我们怕的到底是什么?首先,我们害怕失去生活赋予我们的一切权利、身边可以看到的一切、我们的亲友以及没了我们也照样会运转的社会。这其实是一种挫败感的体现,因为我们再也不能同时作为参与者和观众去亲临生活中的一幕又一幕。诚然,活着的时候,我们也会经历各种不幸:失去亲人的痛苦、物质上的匮乏和生活上的困难。然而我们面对不幸时的反应,在很大程度上与我们认识困难、分析困难、解决困难的心理能力有关。蒙田还说过:"死亡是一切不幸的出路。"在这一点上我们就不敢与蒙田苟同了。我们的不幸有时是心理上的,有时是生理上的。比如某些疾病在死前带给我们的痛苦,这是生理上的,这种痛苦也是难以忍受的。有时我们也会承受心理上的痛苦,如抑郁症的痛苦,可以大到让患者再也没有勇气面对这种精神上的巨大折磨而活下去,于是他们最终选择了自杀。

用自尊心击败对死亡的恐惧

为了抵御对死亡的焦虑,我选择的策略是增强自尊心。作为一个医生,我经常要面对死亡,见得多了,对死亡也就不那么敏感了,最终也便能够接受死亡了。狄更斯的《圣诞颂歌》中,老守财奴斯克鲁奇梦到了一片墓地,里面就有自己的墓碑。他开始自我反省,终于明白自己正在浪费生命，于是他改变了自我，关心起他人，变成了一个无私和慷慨的人，最终幸福地生活了下去。人在死里逃生之后——我最近就经历过一次——会改变对人生中某些事情的看法。我们每个人其实都是被生活判了死缓，所以我们无论做什么都应该直奔主题，而且要充分享受生命中的每一分钟，别太在乎"小灾小病"。生活中最重要的一点，就是不要把看似重要的东西太放在心上，毕竟，这些东西在几个月或者几年后很可能就不那么重要了。这也是一件说起来容易做起来难的事情，尤其是在最初的时候。俗话说，退一步海阔天空。做出了让步，会让我们在事成后得到更大的满足感，我们在一生中都应该保持这样的态度。

托尔斯泰在他的《伊万·伊里奇之死》中描述了一个忍受着巨大生理痛苦的癌症患者在生命中的最后一段时光的故事。故事发生在一个多世纪以前，当时用以减轻病痛的手段少之又少。可最折磨伊万·伊里奇的是精神上的痛苦，那是一种深深的不安。确实，虽然这一生他都过得坦坦荡荡，但他感到自己的精神生活十分空虚，并且很后悔没能理解生活的真谛。

每个人的行为方式都是基于自己的性格和过往，也就是说基于先天和后天的一种融合，这里的后天指的是从童年时代起发生的所有逐渐塑造了今天的我们的经历。该如何面对死亡？针对这一问题，医生的能力和学识并不能给出特别的建议，医生也没有权利为别人解决这个问题。我们很熟悉人类客观的生理结构，但我们对死亡的看法则是很主观的。

对死亡的焦虑是人类思想中一个永恒的主题。由于这种焦虑无时不在，有些人就利用这一点和他人的轻信心理，号称自己能够与死后世界进行交流，骗取钱财。有些人冒充心理医生行医，最终却无法消除人们对死亡的焦虑。而真正的心理学则是要通过人类自身的认知能力教会人们如何处理自己遇到的各种困难。

学会泰然处世

想要消除对死亡的焦虑，靠传说和无用的幻想是行不通的，而是要针对自己和自己的思想进行哲学思考和心理方面的工作：这就是"学会泰然处世"。坚持理性地自省，就能学会让步。能够正确地看待死亡，并在想到生活带给我们的一切时不产生对死亡的恐惧，你的生活就会变得更高效。对我来说，死后继续存在的最好办法就是活在他人的记忆中，包括那些曾经深爱我的人，还有曾经遇到过的人，以及那些我曾经帮助过并向其传授知识和思想的人。更了不起的是能在文学、艺术或者科学作品中留名，不过像维克多·雨果、莫扎特和巴斯德[1]那样的人真是太少了……

怎样才能无惧死亡

在一神论宗教理论中，死亡并不意味着结束，它只是通往天堂的必经之路，在对你的性格和你一生的所为做出评判之后，就知道你是否有资格升入天堂了。因此，信徒在面对死亡时无所畏惧，他们的生活也充实而健康。在东方的宗教理论中，肉体是无足轻重的，永生的灵魂才是关键。我个人认为，如果能同时以哲学和科学的视角去看待生活，就能坦然面对死亡并幸福地生活下去。要做到这一点，首先就是要有科学精神，也就是要把个人放到整个宇宙的物质世界和全人类的生活机制中去观察。我在此向各位读者强烈推荐于贝尔·雷弗[2]的《星尘》，这本书中不仅有大量的科学知识，也有对人生的深刻思考。

---

[1] 路易斯·巴斯德（1822—1895），法国化学家，微生物学的创始人。
[2] 于贝尔·雷弗（1932—2023），加拿大天体物理学家。

无穷大与无穷小

天体物理学告诉我们，一切都是无穷大的。有些事情是生活在过去—未来时间轴和三维空间中的我们所无法理解的。

生命起源于三十五亿年前，这只是物质结构细化的一个阶段而已。在生命的漫长历史中，智人的出现相对较晚了：现今发现的人类骨骼可追溯到十五万至二十万年前，人类活动的踪迹最早也只能追溯到三万五千年前。人类历史的进步起初是十分缓慢的，直到三千至四千年前才开始加速，并催生出了早期的人类文明。最近两至三个世纪里，人类的知识出现了持续快速的爆发式增长。

我们每个人的生命在人类进化的过程中只是一瞬而已，一个非常著名的对比体现出了我们生命的相对短暂：如果我们把三十五亿年的生命史压缩成1年，那么智人则出现在那一年的12月31日的23：30，一个人的生命便只有百分之几秒的长度！

科学的智慧

让-皮埃尔·尚热、杰拉德·埃德尔曼、斯科特·阿特朗以及其他一些科学家认为，灵魂是大脑细胞工作的产物。身心二元论能延续至今，这在达马西奥看来是"笛卡尔的错误"。读了以上科学家的作品以后，我发现，灵魂永生这样一个古老的传说是与当今所有科学研究成果背道而驰的。一旦大脑停止运行，脑电波变成一条直线，知觉和灵魂的消失就不可逆转了。于是神话让位于科学，后者使我摆脱了对死亡的焦虑和由此引发的痛苦：死亡是不可避免的，因为它是生物进化过程中的一部分。我便坦然接受了大自然的这一法则。

我们习惯于将唯物论和唯灵论对立起来。提到唯灵论，我们就会想到是非观、无私、内心世界的成长、情感同化以及超验性等概念。至于唯物论，其概念在不同历史时期中是不一样的。有些古希腊哲学家——德谟克利特、伊壁鸠鲁和亚里士多德——相信生命和思想都是由物质基础构成的。他们是名副其实的人类先驱，因为他们在某种意义上为我们今天关于生命的科学理论奠定了根基。柏拉图的观点则正相反，他将身体和心灵对立了起来。一神论者们继承了这一观点，并将灵魂的存在作为信条，同时还创造出了死后世界的神话。

今天，根据拉鲁斯词典①的定义，唯物论（唯物主义）是"只看重物质享受和现时快乐的人的生活方式"：即广义上的享乐、贪欲以及对金钱的热爱。于是，唯灵论变得高尚且值得称颂，而唯物论（唯物主义）则成了一种粗俗且可耻的思想。

科学与灵性

事实上，一个人可以既是唯物论者，如不可知论者甚至是无神论者，又可以是唯心论者。我是一个唯物论者，因为近几十年来的神经系统科学研究明确显示，所谓的灵魂其实是大脑神经活动的产物。我并不赞同身心二元论的说法。一切都是以物质为基础的，我会尽我所能与所有非理性的行为、封建迷信以及所谓的魔法做斗争。然而我也是一名唯灵论者，因为唯物论的立场并不妨碍我的大脑为诗歌、音乐和艺术所动，也不妨碍我对真善美和无私的认知，更不妨碍我丰富自己的内心世界。孔特－斯蓬维尔②说得好，无神论者也可以表现出很强的灵性。我完全同意他的观点。因此，我们不应该把唯物论和唯灵论对立起来。当然，我并不是想简单粗暴地定义二者的关系。从"唯物论"一词的哲学意义和科学意义上看，我是一个唯物论者，但我的身上同时也有大脑赋予的灵性。

生活告诉我们，即便会有生病和残疾的情况出现，活着仍旧是一种幸运。无论你是宗教信徒、不可知论者还是无神论者，重要的是你

---

① 法国最权威的法语词典。

② 孔特－斯蓬维尔（1952—　），法国哲学家。

所选择的生活方式。如果你懂得尊重他人，能够做到慷慨无私，乐于助人，理解他人的痛苦并帮他们解除痛苦，你的生活就是充实而完整的。我想，如果我能在他人脑海中留下关于我的记忆，那么即使我死了，也相当于继续存活。我们应该一直经营自己的幸福生活，享受现时的快乐，不要为过去感到遗憾，并学会给自己的内心留一点空间。伏尔泰曾写道："我决定要幸福地生活下去，因为这对健康有益。"最新的心理学研究表明，我们完全可以做到泰然处世，这对身心健康都有好处。在生活的滚滚洪流中，我们必须给自己留一点时间去思考，去冥想。

最后就要说说我的身后事了。我不希望给身边的人造成任何负担或带来任何约束。我不想要葬礼，因此我为了科学的发展，也为了死后仍然能对社会有用，办理了遗体捐献手续。这并不影响我的亲友们聚在一起怀念从前的我：这样的我可比躺在墓地里的我鲜活多了。如果我死得很突然，那再好不过了，否则的话我一定会竭尽全力抵抗衰老。

生命的出现既是一种偶然，也是一种必然，我们每个人都已从中获益。

正如诗人们所说：

有一对微微颤抖的夫妇，
那个早上是他们的第一个清晨。
水、风和光终会永存，
毕竟流逝的只有过往的行人。

它带给我深深的不解，
这人人都有的对死亡的恐惧。

就好像那不时展现温柔一面的天际，
　　对我们来说还不够神奇。

我的嘴里不再只有"谢谢"这一句，
　　无论如何我都要说：生活是如此美丽。

——路易·阿拉贡[①]

---

① 路易·阿拉贡（1897—1982），法国当代著名作家、诗人、小说家。

第六章 放松、冥想

多米尼克·赛尔旺 精神病医生，里尔大学校立医院紧张与焦虑科主任，法国焦虑症与抑郁症协会（AFTAD）元老，全法最优秀的紧张与焦虑情绪专家之一。在奥迪尔·雅各布出版社出版的主要著作有《自我治疗紧张与焦虑问题》（2003年）、《焦虑的儿童与青少年：如何帮助他们快乐成长》（2005年）、《放松疗法与冥想训练：平衡自己的情绪》（2007年）和《不再为工作所累》（2010年）。

当我还是名心脏科实习医生时，我曾提出这样一个问题：一个刚刚经历过心肌梗塞并接受心脏搭桥手术的焦虑患者需不需要接受放松疗法的治疗？这个问题竟然招来了其他大夫和住院实习医生的嘲笑。他们告诉我，在患者的治疗过程中，最重要的是用药和食谱，再配合定期的康复训练就够了，而至于放松疗法，只能被归到没有太大效果的讨巧的替代性治疗范畴里去，在尖端医学中是完全没有一席之地的。

今天，我们的观念发生了改变。在心脏患者和其他身心疾病患者的康复过程中，放松疗法与冥想训练是必不可少的，这一点已经得到了普遍承认。然而在实践中，鲜有真正了解其不同疗法和适应症的专业人士，更不用提能将这些疗法用在自己身上的人了。可是要想给患者提供专业的意见，我们至少应该先了解一下相关知识吧！由于我本人天生就有些焦虑，而且还对某些特定的东西心怀恐惧（我将在后文中详述），因此我很早就接触到了能战胜自己心理问题的疗法。从那时起我就决定对这些疗法进行研究,而研究的最好方法就是将它们用在我自己身上。

找到属于自己的行动指南

我在学医期间开始对放松疗法产生了兴趣,不过我是在精神科住院实习的时候才真正开始实践这一疗法的。出于学生的本能,我决定购买相关书籍,通过它们来学习、理解并进行实践。在他人的推荐下我买了一本书,回家以后才发现它让我失望至极!整本都是长篇大论,除了一些历史性的介绍,剩下的除了理论还是理论,没什么能帮助我真正去实践放松疗法的内容。最简单易懂的几句话里提到了德国一位名叫舒尔茨的精神病学家,他发明了一种自律训练法,其名言是"我的胳膊很重,很重,越来越重……"这种心理暗示法和库埃[①]疗法大同小异,对我来说并没有什么吸引力,不过我还是从那本书里提炼出了放松疗法的一些基本要素:保持坐立的姿势,与外界隔离,心如止水,集中精力于自己的身体,缓缓地进入一种放松的状态。我先是对自己进行了几次简单的放松疗法治疗,使用的是舒尔茨的自律训练法,但是进行了一些调整,缩短了治疗时间,使整个过程不至于那么累人,并减弱了它的重复性。

后来,我合上了这本书,把它放到了书架上。如今它还在那里,我一直都没有再翻过,现在我仍然对这本书感到失望和困惑。我从没有公开说过要自己写一本关于放松疗法和冥想训练的指导性作品,以引起读者的兴趣,并实实在在地帮到他们,但这个念头确实曾一度十分强烈。

[①] 埃米尔·库埃(1857—1926),法国心理学家。曾发明一种建立在心理暗示基础上的自我疗法,被誉为"自我暗示之父"。其名言是:"日复一日,我会在各方面做得越来越好。"

训练倾听自己的内心世界

我躺在床上,头有些晕,因为前一天晚上我和几个精神科的住院实习医生一起出去玩,很晚才回家。这天,一名精神科的心理医生请我去参加一个心理学科普日活动。在活动期间,为什么我会有一种奇怪的压抑感,好像快不能呼吸了一样?我在活动上听到了一位心理医生温柔的声音,她要求我平静而缓慢地进行呼吸,但我却出现了呼吸障碍。我忽然感到自己的心脏剧烈地跳动起来,刚才还是好好的。后来,随着活动的推进,我的不适感渐渐消失了。

通过这次事件,我学会了如何集中精力于自己的体感,如何倾听自己内心的回响。我放开了自己,试着不去思考任何事情,当我感到体内有一丝波动时,我就会等待,并告诉自己这种波动很快就会过去的,然后我的呼吸变得顺畅起来,我的感觉也不再仅限于自己的胸口,而是扩大到了整个身体。我成功地跨过了第一道障碍。要想放松下来,就要学会倾听自己的内心世界。这种训练并不存在失败或成功一说:它总能给你带来一些东西,这说到底是一种探索的结果。只有在不强迫自己的情况下重复同样的训练才能体验到舒适的感觉,我也是在一段时间之后才做到这一点的。

帮你入门的一点建议

放松疗法是很灵活的。你在一开始可以挑选适合自己的练习方法,然后慢慢地找到自己的节奏。他人的指导固然重要,但只有通过自己的努力才能真正从练习中受益。极少有疗法能像放松疗法这样灵活易懂,而且它的用途十分广泛:它可以用来治疗心理疾病,也可以用来体验全新的生活艺术,还可以用来训练自己泰然处世的能力。

学习之路

我之所以能在心理医生的职业生涯路上前进，多亏了我的患者们，是他们让我学到了更多关于人类和自我的知识。放松疗法的学习也是如此，通过亲身体验这种疗法，我与患者之间有了更深层次的交流和互动。要想放松下来，就要学会倾听自己的内心世界。

如今，我每天都要进行一次甚至数次的放松练习，形式多种多样，可以是一次短暂的休息，片刻的静心，体力的恢复，还可以是小小的消遣，停止精力的集中和对某些事情的放手。另外，我还会特意留出时间来做更完整、耗时更长的训练，因为这种训练在日常生活中是不太方便进行的。

通过与其他心理医生进行交流并阅读相关资料，我在传统的放松疗法训练基础上建立了一套自己的方法。我借鉴了舒尔茨的自律训练法、雅各布松[①]的肌肉放松法、修身养性学、瑜伽、催眠以及冥想训练，这些方法既有不同，又有相通的地方。我从这些方法中提炼出了一些简单的窍门，并把这些窍门首先用在了自己身上，其次将它们与其他心理医生、患者以及不同的受众——职场压力管理培训的学员——进行分享，最后我归纳出了四大类技巧。

我最中意的四类技巧

呼吸技巧：我一整天都会使用这种技巧，它能够帮助我平复负面情绪，还能够对其他技巧起到铺垫作用。

身体的放松：如果你在办公室里坐了一整天，你的身体就会不可避免地处于一种紧绷的状态，那么这时进行身体的放松就显得十分必要

[①] 埃德蒙德·雅各布松（1888—1983），美国心理学家。

了。一些基础性的方法能够使你的身体快速地放松下来，比如握拳一至两次，然后感受拳头松开的过程，将注意力集中在身体的不同部分，引导自己体会一种轻盈感等。

正念疗法：我已经数不清自己使用过多少次正念疗法了，它对我来说已经变成了一种生活的艺术，一种减压的方法，并让我以一个全新的视角去观察所谓的生活压力。

直观化：如果我必须做一件我害怕去做的事情，放在从前，我会不停地思考和分析这件事情，而现在，我会试着把自己放到那种情形中去，将它直观化，以此来减轻它造成的负面情绪。

本着这四大类技巧的原则，你可以想出很多种自我训练的方法。我经常邀请进行自我训练的人尝试这四种技巧，并鼓励他们发明属于自己的训练方法。

我试用过五十多种放松和冥想的练习法，总有人问我最喜欢的是哪几种。我在此向各位推荐几种简单又各不相同的练习法。

全身的呼吸

呼吸练习既适用于新手，也适用于经验丰富的练习者。首先要控制住自己的呼吸，并随时掌握体感的动向，然后就可以随心所欲地进行呼吸练习了。在办公室里的时候，我经常会抽出几分钟来非常专注地倾听自己的呼吸，并在呼吸时让胸口和腹部的运动停滞片刻，留意一下呼吸带给我的身体感受，如肩部的规律运动。之后我会让空气自由地流入我的鼻孔和气管，在我的肺部扩散，再原路返回到外界。我似乎化身为了自己的呼吸，这时我的气息是至高无上的，我要全神贯注地倾听它的声音。我首先有意地自由呼吸上几分钟，然后深吸一口气，让胸部鼓起来，再慢慢呼气，让身体的所有压力四处游走，就好像一个浪头打在身上后四散开来一样。呼气时，最先放松下来的是面部的肌肉,接着是肩部、颈部和背部。最后是身体内部的放松,包括心脏、肠道以及身体其他部位的肌肉。空气在我体内自由地行走,给我带来了放松感和安宁。没有进行过呼吸练习的人也许觉得这很难理解,简单的呼吸怎么能使身体放松下来呢?试一试你就知道了。

大脑中的旅行

有些人直观化情景的能力很强,有些人则需要一定的时间才能做到这一点。你可以将自己放到某个场景中去,如一间屋子里,一个房间里或者某个时刻里,总之,那是一个你独处的地方。在头脑中随意地描画场景的颜色、线条以及所有细节,然后将这个场景记在脑子里:它就是能带给你安逸感的钥匙。每个人都有属于自己的场景哦!我来描述一下我自己的吧。

我的庇护所

那是雷岛[①]上一栋白色的小房子。我把它作为自省之所,一有机会就到那里去寻找自我,并在那里尝试换一个角度看待我情感记忆中那些最平凡的小事。骑车时听到的海风的声音,阳光抚在身上的感觉,混合着农田、葡萄园、松林以及其他气息的海潮的味道,这种乡村与大海的奇妙组合是这个大西洋海岛所特有的,也是我所钟爱的。每次想象那栋小房子的时候,我总是先把自己放置在一幅简单而静止的画面中,然后在画面的空地上竖起年代久远的石墙,再在白色的墙壁上添加灰色的百叶窗和房门。这幅画面能够马上带给我一种充实感。

[①] 位于法国西部比斯开湾中,与拉罗谢尔市隔海相望。

让想象力主宰你的生活

这种在大脑中旅行的能力带给我们的不仅是感官的直观化和心灵的庇护，它还能帮助我们走出停滞不前的状态，克服恐惧，更富有创造力，以一种全新的方式与人交流。我们因此能够以一种"白日梦"的形式将自己置身于那些我们平时无法处理的情形中去。

情景直观化不仅能够帮助我们获得愉悦的感官享受，还能放飞我们的想象力，使其成为我们进行自我心理训练的虚拟场地。

对于那些我们不敢去做的事情来说，情景直观化是一种非常有效的工具，它能将我们从焦虑情绪中释放出来，并从其他角度看待问题。它会帮助我们克服各种不可思议的恐惧心理和恐惧症，比如害怕待在人群中、汽车里和飞机上，在工作中不敢当众发言，不敢学习某项体育运动，或者不敢跳探戈舞等。

虚拟滑雪

我在青少年时期曾经有过几次滑雪的经历，此后数年再也没有滑过。又过了很久我才重拾这项运动，并邂逅了我的妻子。她帮我重新踩上了滑雪板。当看到我一脸窘迫和惊恐的样子站在天然的粗糙雪道顶端时，她哈哈大笑了起来。恐惧会影响你的感受，并阻碍你的身体去保持自然的姿势。于是你的身体会绷得紧紧的，你再也无法控制住它，摔倒就成了必然结果。我观察了一下其他滑雪的人，一起去滑雪的同事们也在鼓励我。他们告诉我，我在面对雪坡时的姿势决定了我与雪地的接触点和我的体重在滑雪板上的分布。我在脑子里重新虚拟了滑雪的过程，通过数次猜想来寻找最佳的姿势和速度带给我的感觉。正是通过反复进行这种虚拟训练，我才能对滑雪保持热衷的心态，并克服了恐惧，改变了停滞不前的状态。我的身体没有适合运动的先天条件，但我确实从滑雪中收获了欢乐，另外，多亏了这种虚拟练习，当然，还要再加上一点点持之以恒的态度和专业的训练，我才在这个项目上有了进步。

通过在自己和他人身上进行试验，我发现这种虚拟练习毫无疑问能够帮助人们学会将自己从停滞不前的状态中解放出来。有时，它们还可以对心理医生的专业指导和常见的心理训练起到补充作用。

冥想训练让你不再去想痛苦之事

前一段时间，在我组织的一次关于正念冥想的研讨会上，一名年轻的心理医生问我有没有亲身体验过这种训练法，有何感受。我试着对她以诚相待。我提起了几年前一段很令我焦虑的时期，那时我很为我的一个孩子的健康担忧，幸而如今这种担忧早已不复存在了，可当年却着实让我好一阵焦虑。当我们完全沉浸在自己的思维里时，我们就会觉得眼下的问题特别棘手。而当事情结束或者过了很久以后，焦虑感就会逐渐减轻。通过正念冥想，我学会了正视自己遇到的问题，再也不会满脑子都是这个问题，而是不停地思考解决问题的办法。胡思乱想不等于行动，你的想法也不等于现实，这就是正念冥想告诉我的重要一点。

进行正念冥想训练必须着眼于现时体验，我注意到了这种训练的独特效果：通过定期的训练，我在自己身上看到了正念冥想对我的思想、心胸的开阔程度，以及观察世界的视角方面的积极作用。

远离家乡时，试试冥想训练吧

我有段时间经常到世界各地去参加会议。那个时候，一方面，我会因离家太远而感到孤独；另一方面，我又对自己见到的世面、学到的东西和邂逅的人充满了兴趣。晚上一回到酒店的房间里，想到自己在这里没有认识的人，就会感到十分孤独，不过这样的时刻很有利于进行思考和与自己对话，而我也就是在这种情况下开始接触正念训练。远离家乡时，我学会了观察自己因没有亲人在身边而产生的乡愁，并开始注意那些由旅行和邂逅及其隐含的意义带给我的微小的新体验。正念训练丰富了我独处的时光，让我能够进行自我审视。正念训练其实是一个幻想与思考交替出现的过程，是人类的一种天赋，只是目前在我们的社会文化中并没有得到充分的重视。

畅游在意识的最深处

和大家一样，有时我也会产生逃避的欲望，但是想要逃离自己身处的世界并非易事。有时我很想到别的地方去，彻底地放松一下。只要有时间，我就会主动进行深层次的放松练习，它可以同时带给我身心两方面的放松。我平躺在床上，用意念让自己越来越放松。我通过回忆、集中精力于身体以及头脑旅行三种方式将自己引向一种循序渐进的放松，这种放松体现在一种轻盈感和身体的某些反应上面。一开始，这个过程会有些缓慢，之后逐渐加速，并产生这种放松状态下特有的"放手一切"的感觉，我会感到自己分身于两个地方。身体会进入更深层次以及更私密层面的放松，感官和感觉会踏上大脑舞台的中央。而我们的思维四处游移，并表现出极强的想象力和创造力。大脑的意识开始淡化，某些记忆会被唤醒，另外，看待自己和世界的真实视角也会出现。

在外面时，我会进行一些比较简短的浅层练习。比如在高速列车上时，车厢的晃动节奏有催眠的效果，能够帮助我闭上眼睛，神游天外，伴着火车的噪声沉思上五到十分钟。我会随意想象出一个我认识的地方，这个地方会呈现出一系列的变化，有时会变得不合逻辑，这就像做白日梦一样，那时大脑的一部分会摆脱各种控制、规则和约束。

我很难以一种外部性视角去评价这种近乎自我催眠和修心养性学的练习对我的意义。我想它能帮助我重新审视自己，发掘自己，并且我希望它能带给我新的灵感和思路。

放松疗法和冥想训练带给了我什么

放松疗法和冥想训练并未改变我焦虑的本性，但它们让我看到了新的东西，让我重新振作了起来，摆脱了惯性思维，避免了没完没了的胡思乱想。

在心理医生的职业生涯中，放松疗法也成了我帮助患者的一个法宝。我并不会向患者程式化地推荐放松疗法，而是在对话过程中很自然地提到这种对抗压力和焦虑问题的有效而简单易行的疗法。

另外，放松疗法也能够立刻点亮一盏明灯，让我们看到走出焦虑的道路。放松疗法能够使我们快速摆脱精神上的不适，而且比其他的心理疗法和自我训练要方便得多。

三个至关重要的建议

随心所欲地练习： 放松疗法和冥想训练绝对不能是强制性的。我在讲到放松疗法时曾经说过，我并不是要刻意发明什么练习法，只是想让练习变得更加简单而已。当你在日常生活中感到自己对某些事情难以释怀时，随时可以进行正念练习。

跟着练习的感觉走： 你会很快感受到练习的好处，但你只有深入地练习下去才能够发现练习带给你的真正益处以及对抗压力、焦虑和众多其他心理问题的方法。

体验全新的生活艺术：放松疗法和冥想训练能让你换一个视角看待周围的事物和你自己，它能够释放你身上的长处和潜能，它会给你除了语言之外的另一种自我解放的途径。另外，它的适用对象也十分广泛。

花一点时间充分体验生活

如今，仍然有一些心理医生和心理学家对放松疗法和冥想训练嗤之以鼻，但是这二者应该得到广泛的传播与应用。我现在就致力于将放松疗法发展成一门真正的学科，并将其推广到全世界。我有幸得到了许多实践者的支持，他们也在向周围的人大力推荐放松疗法，因为它既符合生态学又能长期使用，还可对其他心理疗法起到辅助作用。它并不能包治百病，但肯定对使用者颇有益处。我的亲身体验证明，我们完全能够停下来，花一点时间充分地体验生活，并回归更加平静的精神状态。我坚信人人都可以做到这一点。

第七章　与过去握手言和，才能活在当下

让－路易·莫内斯特斯　临床心理学家、心理医生、法国国家科学研究院（CNRS）神经系统学机能与病理实验室成员。在奥迪尔·雅各布出版社出版的主要著作有《精神分裂症：如何更深入地了解疾病，帮助患者》（2007年）、《与过去握手言和》（2009年）和《达尔文带来的改变》（2010年）。

我们无法控制自己的记忆。它们能够随便出入我们的大脑。我们的人生经历会改变我们，左右我们，完全不顾及，甚至违背我们的意愿。我们基本上只有两种处理自己过去的方法：要么抗争，要么休战。前者比较暴力，后者需要耐心；前者十分耗费精力，后者能够使我们平静下来。二者都需要定期，甚至是每天都要进行练习，因为无论我们是否愿意，过去的经历都是永远与我们如影随形的。

认识背负着的记忆

随着时间的推移，我觉得自己可以为忧郁来临的信号列出一串几乎完整的名单了。首先就是缩短的白昼和西下的夕阳。早上，外面会泛起薄雾。电视里，新闻主持人会播报开学的消息，之后照例会有铺天盖地的报道，给家长们列出长长的购物清单：比如格子练习本和规格为21厘米×29.7厘米的文件夹。整个城市似乎重新短暂地踏上了混乱的节奏，就像我所居住的村子一样。公交车站重新挤满了"全副

武装"的学生——华丽的新鞋、新衣服和新书包。而我只是提着用了十五年的旧书包照常去上班。内心深处，我很羡慕他们。于是一整天里，一连串的记忆不停地涌进我的大脑，昔人都一一现身：斯特凡那、法布里斯、伊万和克里斯泰勒。那些年，每到六月，我们都会在操场沥青路边的栗子树下继续那局没有打完的弹子游戏。这一次，我也许会捉弄一番克里斯泰勒，并借机吻她一下，然后，我们会见到新老师……

记忆与情绪

接下来，所有的记忆都混在了一起……这些关于中学时代的记忆是在我的目光被一支水笔吸引住时出现的。我被一种强烈的喜悦感所包围。在那段日子里——当然，关于那段日子的记忆一定是被美化过的——时间的概念显得那么无足轻重。几乎是在同时，我意识到这一切都一去不复返了，并感到了一种十分沉重又挥之不去的沮丧。每年如是，从无例外。

这种平时并不多见的伤感会持续一到两周的时间。即便知道接下来会发生什么，即便看到前方有陷阱，也无济于事，这种伤感已经成了每年九月的保留剧目，我多么希望往昔能够重现，哪怕重现一半都可以。

无法磨灭的时刻，永存不朽的记忆

生命中总有一些时刻对我们来说是不可磨灭的。那些最牢固地镌刻在大脑中的记忆往往发生在我们的注意力集中于某件事的时候，而那时我们的认知能力和行为能力通常是有限的。少年时期便是如此，在那个无忧无虑的年龄，我们只在乎现时那种相对还算美好的生活，这也正是怀旧的由来。当我们坠入爱河时也是如此，我们的眼里只有那个他，别无他物。当我们身处危险之中时，感到害怕或者痛苦时，依旧如此。在这些时刻，我们除了眼下最重要的问题之外无法考虑到其他的事情。这个问题会突然抓住我们所有的精力，于是我们的记忆就只会围绕着这场情绪上的地震而建立起来了。

了解记忆形成的机制，减轻自己的恐惧

当我们经历一件能引起剧烈情感波动的事情时，无论其是悲是喜，我们的大脑不仅仅会记录下这件事情本身，而且会记录下所有与之相关的、哪怕是最微小的信号。这是因为大脑的首要任务是保障我们的生存，我们必须完整地记住所有与快乐和危险相关的信号，这样我们才能趋近前者，远离后者。

过去的痕迹

接下来，我们完全不必重新回想起整件事，因为这些"最微小的信号"足以让我们再体验一遍当初事发时的感觉。格雷瓜尔每次一进入复式住宅就会感到不自在，而他其实并没有想起自己儿时曾在同样格局的房子里狠狠摔过一跤的经历；阿娜伊斯只要看到与她儿子死去那天穿着的毛衣类似的衣服就会感到无限伤感。至于我，一闻到皮包或者新的记号笔的味道，我的眼泪马上就会掉下来。

所有经历过精神创伤的人都能理解这种现象。有时我们都不知道自己为什么会精神紧张或者无精打采。正因如此，精神创伤的受害者们才会感到自己十分脆弱，他们的情绪总会毫无预兆地对他们进行突然袭击。

记忆能消除吗

掌握相关心理学知识以后，我知道了那些"最微小的信号"随着时间会逐渐失去唤醒情绪的效力。当某种生理刺激不再产生结果时，它也就不能引起身体的任何反应了。这一点已经被很多科学实验证实过了。如果摇了巴甫洛夫的铃之后不给狗喂肉吃,那么它最终也就不再理会你"精湛"的摇铃技巧了[①]。而对我来说,"开学之铃"的影响却很难消退。

那些"最微小的信号"伴随着我们的人生时刻出现,因此想要消除其唤醒情绪的效力十分困难。但是只要能找到那些勾起糟糕回忆的信号,就有消除其唤醒情绪效力的可能。找到那些信号,我们就能知道它们会带来什么。我就经常做这种练习:每当一段记忆不由自主地浮现在我眼前时,我就会停下手头的事情,尝试着找到引发这段回忆的信号。这并非易事,但十分有效。当我未能找到信号时,我就会告诉自己,这肯定是因为我的祖辈是以小信号引发情绪的"冠军",并且把这份"大礼"传给了我,变成了我的一个缺点。

将缺点视为好过头的优点,这种说法固然过于老套,但说得也确是事实。老人们都知道这句谚语:草丛一动,必有猛虎。怎么可能有人忘掉这个道理呢!因此有些信号是注定不能被忘记的。

别和自己身上的一部分较劲

我们的记忆分为两种:一种是"真的忘了",另一种是"忘也白忘"。我们最好不要刻意去寻找与"真的忘了"的记忆相关的信息。花费大量时间翻遍自己的过去,试图寻找勾起记忆的关键细节,这样做可能会很危险。我们可能会将已经不存在的记忆进行重组,并赋予它某种重要性。而这段记忆之所以不存在,恰恰是因为它根本就不重要,所以不必去寻找。相反,"忘也白忘"的记忆却值得我们花费一番精力。如果你努力想忘掉生活中的一段记忆,那么这段记忆对你来说一定是非常重要的,也就是说,它曾经并仍在引起某种你想压制下

---

① 源自巴甫洛夫的条件反射理论。巴甫洛夫在实验中先摇铃再给狗以食物,狗得到食物会分泌唾液。反复数次,最终导致狗将食物和铃声联系起来,并在听到铃声时分泌唾液,这种由铃声刺激引起的唾液分泌的反应就叫作条件反射。

去的强烈的情绪波动。只要你一直选择回避，这段记忆就很可能会一直纠缠着你。

我们能主动忘掉一段记忆吗

面对那些违背我们意愿跳出来的记忆，我们通常是不会坐以待毙的，而是试着把它们从脑子里赶出去。剑拔弩张，毫不手软。因为那些记忆太恐怖了，我们永远不希望再想起它们。我之所以说试着把它们赶出去，是因为就算我马上让你们忘掉那段记忆，你们也是不可能忘记的，因为记忆是一种招之即来、却挥之不去的东西。

我们无法主动遗忘，却从未放弃尝试这样做，有时这种尝试是悄悄进行的，就像是一种藏在暗处、让人无法察觉的例行公事。有的人把时间花在追求高科技产品上面，他们会做无数种猜想，并全神贯注于此，就好像最新款的IPhone手机在逼着他们必须向前看，莫回头。还有一种人，比如我，花多少钱也别想从我手中换走那个旧书包，别人都不知道，这其实是因为那个旧书包里装满了令我安心的回忆。把过去的点点滴滴装在旧书包里，真会找地方！

那么我们为什么无法主动遗忘一段记忆呢？

首先是因为我在上文中提到的那种能唤醒可怕记忆的信号的存在。它们每时每刻都可能出现。比如一段旋律、一句话、一种香水味，这三样东西看似微不足道，实则威力无穷。

其次，要想主动忘记一段不美好的回忆，必须先要集中精力于这段回忆，虽然这会加大它对你的伤害。这和当我们想平息一段谣言时有类似的效果。比如我们在网上看到谣言时可以删掉原始的网页，但是它说不定什么时候就能出其不意地从别的地方跳出来。即便我们继续删除，也删不尽转帖，而转帖又会被继续转发。如果我们想通过发布一条公告来否认谣言，那么就会有更多关于这条谣言的网页出现。同理，如果你强迫自己不去想一段痛苦的记忆，你可能反倒让这段记忆复制更多遍，最后掉到它的陷阱里。

记忆造就了我们

其实，你试图忘记的那段记忆，在它发生的时候，你的处世方式和视角就已经变了，被那段记忆修改了。抹除那段记忆，并不能改变现在的自己。要知道，记忆和图书馆里的书不一样，不是想销毁就能销毁的。我们所经历的一切都会改变我们，并在我们身上留下不可磨灭的痕迹。当我们试图将某种经历从记忆中抹去时，这段经历其实已将我们改变了。有时我会和我的患者谈起混沌理论，想必你们读过相关书籍吧。放心，我并不是要给患者上物理课，因为我自己其实也不太了解混沌理论到底是什么！我只是明白这一点：我们生活中任何一个微小的改变都必然会影响此后的一生。如果我们总感慨"如果当初……"那么我们就会觉得，只有当初真实发生的结果是糟糕的，而其他任何可能的结果都不糟糕。这种想法是错误的。一个细节的改变会带来一切的改变，而且没人知道会是什么样的改变。

艰难的抉择

假设给你两个选择：忘掉关于一段经历的所有记忆——既包括美好的部分，又包括糟糕的部分，因为没有人能预言哪部分记忆能给你的生活带来怎样的改变；或者保留关于这段经历的所有记忆。

你会怎么选？

然而，我们每个人都能或多或少地意识到，丢掉自己过去的一部分是要承担一定风险的。试想一下：你真的成功忘掉了一段糟糕的回忆，彻彻底底！那么你就准备好在未来的某一天突然想起时能摆脱得了痛苦吗？你就准备丢掉一部分现在的自己吗？我的怀旧充分体现了这种矛盾心理。难道我真的想要摆脱儿时的记忆吗？绝不！当再次遭受那种痛苦的感受时，这种怀旧有时也会让我很痛苦。我知道，那段记忆造就了今天的我，它是我的一部分。面对一段糟糕的回忆，如遭受侵害或痛失亲人的回忆，我们一开始会产生抹掉它的欲望。然而不可否认的是，正是那段记忆成就了今天的你。它是我们成长历程中的一部分——也是我们自己的一部分。

逃避又有什么用

有时，我会去做明知对自己没有好处的事情：在电视上看到关于学生生活的报道，我就会换台；在超市里，我会绕开摆着钢笔和文具盒的货架。我们确实会在某段时间改正自己的缺点，但这并不是随时都能做到的。如果说我有时并不按我给患者的建议那样去做，这是因为我知道自己总有一天会正视这一切，并且我会时常——而不是只在开学的时候——就这段记忆进行自我锻炼。

逃避的恶性循环

逃避行为本身并没有什么不好，但当它成为你与外界沟通的唯一一种形式时，无论你是否下意识这么去做的，它都会是一个棘手的问题。如果你努力挣扎着要忘记一起事故，一位亲人的逝去，你受到的一次侵害或者一次分离，那么这很可能会占据你所有的时间，你就再也没有其他的精力和空间活下去了。

对于我来说，当我感到自己开始围着一段记忆转的时候，无论这段记忆是否新，我的脑子里都会马上响起警报。如果我发现自己完全无心顾及其他，满脑子都是这段记忆的话，我并不会试着赶走它，而是停下来，仔细地审视它。通常情况下，这样做至少能够让我不再惧怕它的出现。

靠近记忆，走下去

无论你的经历多么可怕，将自己从这段经历中解放出来的方法其实差不多都是一样的。第一步便是要意识到，努力遗忘这段经历只在短时间内有效，因此首先应该与自己的经历握手言和；第二步则是平心静气地接近自己的回忆；最后一步，大概也是最重要的一步，就是创造新的记忆。

想象一下，如果一个不请自来的家伙搬进你家，你的第一反应一定是把他赶出去。那种你没办法赶走、"永久性"赖在你家的家伙，就如记忆一样。你完全可以尝试把这个人赶出你家，但事实上你只是在浪费时间和精力；你也可以试着在家里避免与他碰面，不过这样你也许会被他逼得只能在角落里生活；当然你还可以骂他，可以向国家、公共服务部门和警察控诉，但这只会对你更不利。如果你确实没有办法摆脱这个死皮赖脸的家伙，那么想要恢复正常的生活，最好的办法就是请几个朋友来家里吃饭，而不去在乎这个家伙是否在场。他确实侵占了你家，但这并不意味着他把你逼进了死胡同。

活在当下，才能治愈记忆的伤痛

无论做出怎样的努力，你都无法改变过去的事情，也不能让它永远沉默下去。如果你把时间和精力都花在消除那些记忆的尝试上面，那么不要说幸福，就算活下去都会困难重重。重回生活正轨的唯一办法就是创造新的记忆，这样，从前的记忆就不会占据你的全部视线了。我们不能改变过去和过去在我们身上留下的痕迹，但我们可以从现在开始改变今后的自己。问题的核心在于，我们之所以尝试抹掉一段过去，是因为我们下意识地认为自己不可能重新来过，从头做起，因为我们的过去不允许我们这样做，所以才要抹掉它。然而，我们总是可以重新开始自己的生活，向着未来前行的。如果你曾有过痛苦的经历，那么无论你多么厌恶它，多么希望它从未发生过，它仍旧是你生命中十分重要的一部分。对我们来说，重要的东西并不一定是美好的东西，而是那些改变了我们的东西。

再看看赖在你家里的那个人：随着时间的推移，或许有一天你甚至会为他盖被子，与他握手言和，而不仅仅是宣布停战而已。对我来说，那段关于法布里斯、斯特凡那以及其他人的记忆，那段关于弹子游戏的记忆。要与它们和平相处下去，唯一的办法就是给自己一定的时间去回忆。完完整整地回忆那段时光。我不会试图保护自己不受那些记忆的伤害，而是会任由自己尽可能地回忆起所有关于那段时光的既美好又痛苦的细节，哪怕会感到难过，也在所不惜。我会时刻注意不要在回忆的过程中进行关于人生和时光流逝的哲学思考，因为这些思考毫无意义。我只是在为那些不幸逝去的记忆保留一席之地。这种朝圣般的仪式结束后，我会感到自己已然平静下来，并准备好继续前行，去创造新的记忆。

每当回想起那段令我十分怀念的校园时光时，我都会问自己同一个问题：为什么当年我没能意识到那时的生活是多么美好？然后又会冒出一个让我担忧的问题：是不是我现在的生活也一样美好，而我却没有意识到呢？难道非要出现什么变故以后才能体味到之前的幸福吗？我是不是应该抓住当下的幸福呢？

或许我该换一个新书包了……

第三部分

觉醒你的内在平衡

深入的自我认知能帮你在应对来自他人和自我的攻击时，更快地将自己调整到平衡的状态，而非被负面的情绪和行为压倒。

第八章　自我揭露：欣赏自己的不完美

布律诺·科尔兹　　认知行为疗法心理医生。在奥迪尔·雅各布出版社出版的主要著作有《如何做到今日事今日毕》（2006年）等。

人因其外表而各自不同，又因其内心而彼此相像。

——保尔·瓦雷里[①]

不久以前，我在自己诊室的候诊厅里放置了一个电子相框，患者们可以在相框里看到一些老城门的照片。这些照片是我几年来收集的成果，我十分珍惜它们，并很乐于拿来同他人进行分享。我还在每张照片之间加一句名人名言或者一段诗歌，借此引起他人的思考或与他们分享某种情绪。

单词拼写并非我的强项

我时常听到患者们对那些老照片的评价：他们十分喜欢那些照片，并会对某句名言或者诗歌深有感触。有的患者会做些记录，还有的患者告诉我，他们下次会早一点来，只为了能好好地欣赏一番相框里的照片和文字。另外一些患者则会时不时地提醒我："您的相框很

[①] 保尔·瓦雷里（1871—1945），法国象征派诗人，法兰西学院院士。

棒，不过我注意到了几处拼写错误。"或者说："我很喜欢您放在候诊厅里的电子相框，不过不知道您注意到没有，里面有一些拼写错误。"

如果是在几年前，我很可能会随便找个理由搪塞一下："哦，这太糟糕了。我没有什么时间把所有文字都仔细看一遍。"或者说："我输入得很仓促，而且没有什么时间回过头来再检查一遍。"如果我真的这么说了，那么我就没有像我叮嘱患者的那样去做：对别人的赞赏表示感恩，对别人中肯的批评表示虚心接受，不要无谓地狡辩，不要羞于承认自己的错误……如今我十分注意这个问题，并且希望借此机会能为各位读者树立榜样！

鉴于99%的评论都以赞赏开始，因此我会首先表示感谢。我会告诉对方我有多么感动，因为我从不隐瞒在这个电子相框上我下了多大的功夫，我会说："谢谢！您能喜欢这个相框，我感到很高兴。我在它上面花了不少时间，所以我很关心别人看到它之后的反应。"

之后便涉及如何回答患者所说的第二个问题——关于拼写错误的部分，我确实承认这是我的弱点："另外，感谢您能指出我的拼写错误，其实您不是第一个这么说的人了。您知道吗？这是我最大的缺点之一。就算我再检查一遍，也看不出那些错误。说实话，我和单词拼写简直是水火不容的一对。"然后我会给指出拼写问题的人递一个眼色，并顺势利用这个机会谈谈他自己的问题，比如他的"完美主义"（很多前来咨询的患者都有这个问题）："还有，您知道吗？我很早就放弃万事做到尽善尽美的念头了，因为那样太累人了！"或者说："我不知道您有没有看到相框里的一句话，那是我最喜欢的一句米歇尔·奥迪亚尔的名言：'有裂痕才幸福，因为这样才能让阳光透进来。'我们每个人身上都有裂痕和缺点，您刚刚就指出了我的一个缺点！好了，现在您把我的拼写错误都写在纸上吧，我就指望您了。我会尽快改正的……"

拼写是个让很多人头疼的问题。我有不少患者都曾对我说过，他们不敢写字，甚至过节的时候连一张明信片都不敢寄，还有人故意改变笔迹或者故意涂涂改改，以免引起怀疑。有些人在开会时拒绝做笔记，怕旁边的人看到他们写错别字；如果不得不做笔记的话，他们有时会用铅笔在纸上写字，而且写得特别小，以保证别人无法从远处看清他们的字迹。在他们看来，主持会议并当着众人的面在磁性板上写字，哪怕只是写几个单词，也是十分可怕的考验，因此要想尽一切办法避免这种情况的出现。

为了向他们证明，暴露自己的缺点不是什么大不了的事，我翻了翻病历，随便从里面抽出一张纸来，让对方检查一下里面是否有拼写错误……这通常不费什么事，他们总会"收获"不少错误。

我也会脸红

和所有人一样，我有时也会脸红。我的患者们，尤其是那些自己也有脸红问题的患者，总觉得这很难以置信：一个要帮助他们解决问题的心理医生，难道连解决自己问题的能力都没有吗？我当然有这个能力，而且我已经解决了这个问题。我总是会脸红，但我能够接受这一状态！这可比不惜一切代价避免脸红（这可是让你脸更红更难堪的绝佳办法）容易多了。

让自己随心所欲地脸红

当我没办法阻止自己脸红时，我就索性让自己脸红，甚至能够想什么时候脸红就什么时候脸红！其实这很简单，我只要跟对方讲述几年前我的一件倒霉事就可以了：在一次会议上，我对面坐着一位十分迷人的姑娘，当时我一边发言一边看着她的眼睛，本来我想说的是："我们应该试图说服……"结果却口误说成了："我们应该勾引①……"这引起了周围同事的哄堂大笑，并且他们也朝着我眼神的方向看去。可想而知，我的脸变得有多么通红，我对面的姑娘也是……这让我的脸红得更厉害了。

如今，只是单纯地讲述这个故事，尽管我的第一反应是觉得它很滑稽，就足以让我脸红，我的患者听后也觉得很有意思。很明显，为了做到这一点，我曾经仔细研究过自己的信仰和那些能让我脸红的消极想法。

不，脸红并不一定意味着暴露我们的缺点或者错误。不，脸红并不会让别人瞧不起或者怜悯我们。脸红只是一种生理反应而已，我对在我面前脸红的人反倒很有好感……但是，审视自己看问题的方法，虽然是十分必要的一步，对克服困难来说却是不够的。我们还要学会坦然面对自己的窘境。要进行自我揭露，而不是逃避，要说出自己的问题，而不是把它藏起来。

最近，我向一个把别人的赞美都当成反话听的患者推荐了一种自我肯定的练习，方法很简单，就是在她的丈夫夸她身材好的时候对他表示感谢。我接着说："我现在会扮演您丈夫的角色，我们把刚才说的方法练习一遍。"她看着我，狡黠地一笑，答道："好的，不过这个游戏我可不会玩到脱衣服的程度！"这时我才忽然意识到自己的话有些语意不清，于是脸开始有些发烫。微微的不安一闪即逝，我自嘲道："啊，我发现您还真是个能让我脸红的人啊！"

---

① 法语中，"试图说服"（tentative）和"勾引"（tentation）两个词很相像。

使我焦虑的完美主义倾向

前一段时间，我被邀请为同行做一个关于认知行为疗法的介绍。我先是高兴了一阵子，一方面得意于受到别人的邀请，另一方面很高兴看到有人对我致力研究的东西感兴趣。接着我忽然意识到，讲座的时间只有一小时。

这么大的课题，我怎么可能在一小时内介绍完呢？这简直是不可能完成的任务。于是高兴后接踵而来的便是焦虑，以及各种让我十分不快的情绪和消极思想。我特别希望能够做一场完美的演讲，给大家留下一种信手拈来、言简意赅的印象……让他们觉得我是个超人！是啊，心理医生也会给自己挖下过分苛刻的陷阱，我们和每天接待的有这种问题的患者其实没什么两样！

意识到这种苛刻的要求使我不允许自己表现出一丝软弱时，我开始寻找问题的根源。我耐心地仔细分析那些让我感到不安的情绪和念头：这就是所谓的"认知重建"。我没有让情绪侵占我的大脑，更没有试图逃避它们，而是将它们看作是一种警报，提醒我进一步分析滋生这些情绪的念头。很快，我就捕捉到了让我心神不宁的那股自动产生的念头。找到脑子里那些告诉我"你不会成功的，你不可能面面俱到……"的小声音之后，我得以更仔细地审视它们，并系统地将它们一个接一个地消灭掉，从而发展出所谓的"替换思维"。这些替换思维并不是什么备用的思维，而是与那些总是本能地冒出来让我紧张的念头完全不同的思维。通过与自己进行这种对话，我创造出了面对同种情形的新的思维方式，那是一种更现实，尤其是更能让我安心的思维方式。

但我不能止步于此：分析完毕，就要付诸行动了！我碰到的这种情形和以上的自我分析可以作为向同行们解释认知行为疗法的一个绝好的切入点。我已经决定了：我会告诉他们这次讲座的内情。不，我不会以超人的面目出现，我只会很谦虚地告诉大家，在接受这项挑战时，我既感动，又不安。我会让他们看到我对自己能力的怀疑、我的紧张和焦虑情绪，并向他们讲述我是如何克服这些困难来完成这次讲座的。也就是说，我会在现场向他们演示认知行为疗法。

下面是我进行认知重建时使用的表格，我也在讲座上向同行们展示过这组表格。"产生的情绪"一栏的百分比用来表示我对这种情绪的感觉程度，而"自动产生的念头"中的百分比用来表示我当时认为这个念头的合理程度。

遭遇的情形	产生的情绪	自动产生的念头
我在构思关于认知行为疗法的演讲，发现我只有一小时的演讲时间。	紧张：60% 焦虑：50% 沮丧：30% 失落：80%	我不会成功的（70%）； 一小时绝对不够（100%）； 一小时什么也说不清楚（90%）； 介绍的内容会很肤浅（80%）。

替换思维	对之前情绪和念头的重新评估
谁说必须要面面俱到？没人说过！ 你真的觉得你的同行们想（或者有能力）在一小时内把所有内容都消化掉？ 想在一小时内介绍认知行为疗法所有的适应症和对应的疗法？这是不可能的。不过简单介绍一些内容倒是可以的。 如果你能通过具体的临床案例给予你的同行们一些启发，这就已经不错了。	我不可能面面俱到（0%）； 我不会成功的（0%）； 一小时绝对不够（30%）； 一小时什么也说不清楚（0%）； 介绍的内容会很肤浅（30%）。
如果你回答了他们的一些问题，或者引起了他们的兴趣，那么你可以马上提出组织一次深入讨论认知行为疗法的讲座。 即便是多讲了十分钟，也没什么大不了。	紧张：10% 焦虑：0% 沮丧：0% 失落：20%

简单，却不总是容易

通过前三种情形，各位读者可以看到我的一些缺点、疑惑和软肋。一种乐观的冲动在怂恿我对你们说，我对类似的自我治疗已经是轻车熟路了。然而这种说法并不准确，也不恰当。事实上，对我来说，自我揭露确实变得简单了，而且简单多了。

说它简单，首先是因为我想出了一套应对的办法，随着时间的推移和经验的积累，这种办法使我感到越来越轻松；其次是因为这套办法实施起来并不复杂。但如果说它容易就不太准确了，因为我有时还要集中精神，并且要做出一些努力，才能避免重走老路。

驱走本能

我得承认，有时，碰到新的或者什么出乎意料的情形，我会产生一种把我认为是缺点和软肋的表现掩盖或者隐藏起来的欲望。我对此感到很吃惊，继而开始带着善意观察这种所谓的缺点或软肋——它们其实都是人类的本性而已。我很高兴，自己能注意到这种隐藏缺点的企图，从而决定继续坚持使用我为自己开发出的"心灵体操"。

事实上，我们应该经常进行这种"心灵体操"的锻炼。虽然我们每天并不是处于同样的精神状态，但是这种"心灵体操"每天都能给我们带来好处。

我会在后面更详细地介绍进行日常"心灵体操"的好处，不过我要先告诉各位读者它最特别的一个好处，那就是它能让我们自如地谈起往昔的失败经历，甚至是那些十分痛苦的失败经历。

解释，有时会让情况更加复杂

当有人问到我的职业的事情时，我在很长一段时间里都感到相当尴尬。我该如何面对诸如"您肯定一直很热爱您的事业吧"或者"您在住院实习期结束后做了些什么呢"之类的问题呢？对于一个既没有完成住院实习又对自己的事业不那么热心的人来说，这种问题并不好回答。对方本来很自然地觉得你已经功成名就，而且以为这样的问题还能讨得你的欢心，但实际情况是，你却要指出事实并不是这样，这也是很难做到的。我不得不承认，我曾经做过无数种解释，一种比一种混乱复杂，而解释的混乱又加重了我自己的混乱——严重一点说，是加重了我自己的苦恼。

如今，事情已经简单多了，我不再没完没了地解释当时的背景和事情发生前的特殊情况，我只是如实讲述自己的经历："不，事实上，我既没有完成住院实习，也并不总是热爱自己的事业。当年我真正喜欢的是产科学。那时我决定，如果学医，就只学产科学，要么就干脆不学医。四年的基础学习后，我失败了，没能让产科学成为我的研究方向。"我曾经为了解释自己的失败寻找了无数的外部原因，不过现在我放弃了这些借口，更愿意承认自身的原因："我太想研究产科学了，以至于因为担心成绩而渐渐成了焦虑情绪的奴隶，并为此付出了考试失利和与文凭擦肩而过的代价。我很难接受这样的结果，曾经一度十分消沉。在很长一段时间里，我甚至听不得别人谈论疾病和医学这两个话题。这也正是我转投医药行业的原因。"

之后我也能很平静地谈起我现在的职业："不过您放心，我很喜欢我现在的事业。但是这种转变并不是一夜之间发生的，我为此也吃了不少苦呢。我花了很长时间才意识到自己有多怀念医生与患者之间的那种关系；我花了很长时间才决定重新回到学校并开始研究新的医学分支；我花了很长时间才摆脱对学习成绩的焦虑，重拾信心；我花了很长时间……如今，我觉得之前的伤都没有白受，并对我现在的工作方式有着积极的影响。"

我们都需要花费一定的时间才能向自己，也向别人进行自我揭露。

自我揭露的四大好处

自我揭露有诸多好处：摆脱恐惧心理，提高自尊心和自信心，更好地认识自己，与他人更加坦诚相待，更富有同情心……总之有一长串的好处。在此我主要介绍其中的四种好处，并不是因为这四种比其他好处更重要，而是因为它们对我很重要，并每天鼓励着我在这条道路上前进。

终结这双重的痛苦

为了遮盖、隐藏、抹去或掩饰自己的缺点和失败而使用的花招，以及进行的努力会令我们疲惫不堪。更糟糕的是，除了由缺点引发的对自己的不满以及失败带来的痛苦，我们还要承受自己那些花招和努力的压力。它们会让我们对自己的消极念头更加深信不疑，我们会被下面这种荒谬的逻辑所奴役："既然我想把这个缺点隐藏起来，肯定因为它是不可告人的；而既然它不可告人，那么我就要付出双倍的努力去隐藏它……"

大家随后会明白，自从我公开承认自己有拼写方面的弱点以来，我的逻辑变成了这个样子："我再也不会隐藏自己的缺点。既然这些缺点是'可告人的'，肯定是因为它们并不严重；既然它们并不严重，我就不应该费心去隐藏它们。那我就继续揭露自己的缺点好了……"也就是说，为了我的幸福，我的逻辑反了过来。

接受自己的不完美

不愿揭露自己的缺点或失败，事实上是一种危害性很大的完美主义。如果我们只想将自己积极的一面展现在他人面前，我们最终很可能哪一面都不敢展示了："这太冒险了，如果这样做会让别人看出我的缺点或者弱点呢？如果，如果……"正如塔尔·本-沙哈在其著名的《学做不完美的人》中所说的那样，"本来感觉不到自信或者自尊，却想假装出来那种样子"，这是导致自我形象破坏的一个重要因素。塔尔是哈佛大学的教授，他甚至希望自己的学生能够经历更多的失败。在他看来，更多的失败意味着"学生们做出了尝试，承担了风险，接受了挑战"。他还强调这样一种观点："如果我们不学着失败，我们学什么都会失败。"而如果我们闭口不谈自己的失败，我们又怎样学着失败呢？

进步与自我完善

我的患者经常反驳我说，接受自己的缺点和失败实际上是一种妥协，他们担心这样做会使自己沦为平庸之徒。如果事实正相反呢？如果揭露自己的缺点可以让我们成长呢？我们回过头来再看看我的三个例子：拼写问题，脸红现象，完美主义倾向。揭露了拼写的缺点之后，我反而没有放弃提高自己的拼写能力。我的这个缺点已经尽人皆知了，正因如此，我经常能得到他人的帮助！开会时，如果我要在磁性板上写字，碰到不确定怎么写的单词，我并不会避开它，也不会用其他词进行替换，而是毫不犹豫地向同事求助："'尤其'这个词里是一个m还是两个m[①]？"最近，一个好心的同事向我指出，并不是因为"噩梦般的"这个词写成cauchemardesque，"噩梦"（cauchemar）这个词就要写成cauchemard，即以d结尾。我都五十多岁了，才最终学

[①] 法语中，"尤其"一词为notamment。

会"噩梦"的正确写法，但我并不因此感到苦恼，只是为自己仍在进步而感到高兴！我知道自己并不孤独，这让我感到很安心！

由于在脸颊发烫时能够毫不掩饰地表达自己的内心感受，我已经能坦然地面对脸红现象。另外，自我揭露法还为我带来了自信，我脸红的次数越来越少，几乎可以说是极少了。

在同事面前说起自己在准备演讲时所感到的压力，但是不能将其当作让演讲质量打折扣的借口，这表现了我对他们的尊重。另外，与他们就压力问题进行交流时，我听到了很多有同感的人真诚地回答：知道自己并不孤独，这让人感到很安心！此外我们还交流了很多互相帮助、共同进步的诀窍。

学着谈论自己的强项和成功

学着谈论自己的缺点和失败，便是为自己打开一扇以前可能从未注意过的门，也是学着更频繁地进行自我揭露的方法，尤其是为了将来能够更加自如地谈论自己的强项和成功，而不再担心别人能从中看到隐藏的缺点和失败。

现在我可以自如地和你们谈起我对骑马的热爱，而不害怕听到那些关于我在马术比赛中取得的糟糕成绩的问题：我已经不再担心那些问题，也能够坦然面对了，因为我相信这种担心会毁掉我的骑马乐趣。我也可以自如地和你们谈起我对木工活的热爱，对我的最新作品——一个木制书架的热爱，我承认我确实对它感到十分自豪，而且没有觉得我是在自己骗自己，也没有觉得自己只是摆了几块板子就拿它来吹牛。我只是想和大家分享我成功的乐趣，而不带任何对自己恶毒的偏见。

五个步骤教会你自我揭露

做好准备

我们首先要找出那些逃避自我揭露的情形以及不利于进行自我揭露的情形。后一种情形很重要,因为我们不能随便在什么情形下对随便什么人进行自我揭露,而是在特定的情形下对特定的人才能进行有积极效果的自我揭露。一旦锁定了有利的情形,我们便可以开始审视阻止我们进行自我揭露的那些念头,并发展出相应的替换思维,以便将自我揭露应用于下一步的实战。

实战

做好思想准备是必要的一步,但还远远不够。在进行自我揭露的过程中才能真正学会自我揭露。

从简单做起,循序渐进,保持练习

自我揭露之战的目的并不是建立什么丰功伟绩,而是要做到带着自信去学习,去赢得胜利。要做到这一点,我们最好从简单一些的情形入手,比如面对自己信得过的人,或者面对今后绝不可能再见到的人,这能使气氛相对轻松一点,我们也能够在情形中逐渐调整自己的表达方式。开始时,不要使用太复杂的长句,因为这可能会打乱你的思路。使用简短的句子就可以了:"我感到很困惑""这个话题总是让我很不自在""我有些不知所措……"。时间一长,我们便会发现:

首先,我们曾经总是倾向于把话说得很复杂,其实简单的词汇和句型就够了。

其次,我们可以使用一种"俄罗斯套娃法":先简单地说几句,接下来展开话题的某些细节,再一层一层地深入下去。这种方法可以有效地使我们避免迷失于复杂的话题之中,并能够学会在必要时使用词汇量和句型更丰富的叙述方式。

不要自我贬低

自我揭露并不等于自我诋毁或自我贬低,更不意味着为自己犯下的错误感到抱歉。"对不起,我发抖了,我脸红了,我结巴了,我……总是这样,我觉得自己真没用。"这样说并不是在进行自我揭露,而是在进行自我惩罚!如果这些话出现在我们的脑子里,那我们根本不可能揭示自我,即便这样做了也是弊大于利。还是那句话:从简单做起。"我有些结巴,因为我太感动了。"这样说便可以带来一个很好的开始。

为自己感到高兴,并持之以恒

我们无须做到完美,也无须做好,只要学会自我揭露就足够了。每当我们摆脱一个老毛病后,不要急着评判自己,也不要急着问自己做得够不够好,要先为自己的成功而感到高兴。另外,我们也应该看看自己还有没有其他需要改善的地方……不过那是下一次的事了。

第九章 由"不"引发的战争：应对成长中的叛逆行为

吉塞勒·乔治 从医二十年的儿童精神病医生，最优秀的儿童与青少年问题专家之一。在奥迪尔·雅各布出版社出版的主要著作有《我的孩子不听话》（2006年）和《孩子的自信心》（2007年）。

孩子的叛逆是个让人很头疼的事情，它会让家长们怀疑自己的能力和教育方法。说"不"的孩子是一种过于自私的表现，也会被看作是社会体系不完善的产物，但首先会被看作是父母权威的缺失，也是家长教育孩子失败的典型。

如何避免孩子出现叛逆行为？该做什么，不该做什么？该说什么，不该说什么？该怎么想，不该怎么想？该不该带孩子去看看心理医生？或者去看医生的应该是家长？最重要的问题是，我们如何摆脱这个"忘恩负义"的逆子带给我们的不安和不平衡感。要知道，自他出生以来，我们把自己的一切都献给了他，都在为他的幸福着想。在亲子关系的冲突阶段，家长伤透了心，叛逆的孩子也极度缺乏亲情上的安全感。那么卢梭、弗洛伊德、1968年学潮运动、多尔多[1]、《超级保姆》[2]甚至是乔治医生（作者本人，译者注）的作品……面对这一

---

[1] 弗朗索瓦兹·多尔多（1908—1988），法国儿科学家，儿童心理学的代表人物。
[2] 英国家庭教育电视节目，采用实景跟拍真人秀的模式，记录求助家庭在主持人（曾从事全职保姆十五年）的帮助下解决子女教育问题的过程。

切，家长们到底应该怎样选择来帮助自己渡过这一难关呢？

蒂博：我与"不"的第一次邂逅

我记得我的第一个患者是五岁的小蒂博的妈妈。那时我稳坐在自己的皮椅上，得意于自己的专业水平，而且觉得蒂博妈妈的倾诉十分荒谬：

"大夫，我的问题是这样的：我无法在早上给蒂博穿好衣服。我是个单身妈妈。孩子的父亲在知道我怀孕以后就离开了我们。一个观察了蒂博几个月的心理医生说，他之所以早上不愿离开我，是因为他正处在俄狄浦斯情结阶段，他这样做其实是在扮演家庭中'男主人'的角色。我明白医生的意思，我自己也从事过心理治疗的工作，而且我读遍了所有关于儿童心理学的书籍。我很有耐心，积极跟孩子沟通，我把工作以外不多的时间全花在了蒂博身上。

"可是您看，每天早上我不得不在八点半把他送到学校去，否则我上班就可能会迟到，我可能会被开除。我跟他解释过这一切，可他就是听不进去。为了给他穿衣服，我得追着他满屋跑。不瞒您说，我有时会失去耐心，然后打他一顿，好像他不认我的解释，只认我的打。我一发狂，他就一边哭一边听话地让我给他穿衣服，而这又让我觉得很对不起他，我也不知道怎么才能求得他的原谅。

"我知道我应该保持一个母亲的权威，不能让他任性下去，这段艰难的日子总有个头儿，他只是时不时地闹上一下而已。然而我每天早上都要焦虑一番，我特别害怕这种不可避免的冲突日复一日地发生。我很为将来我和孩子之间的关系担忧，我经常想，他现在就已经这样了，等他到了青少年时期，我肯定会完全受不了的。要知道，一个人养活孩子挺难的，有时我特别恼火，甚至会觉得他毁了我的生活，而且根本就不爱我。我有时会十分讨厌他，而这个念头都能把我自己吓一跳。其实困扰我的并不是他这种彰显个性的行为，真正使我们生活不幸的是这场由'不'引发的战争！"

社会："不"的裁判

哦！亲爱的读者，我知道你们在想什么：这么一点小事，怎么至于情绪波动这么厉害，如此大动干戈？！关于蒂博的问题，没有人会认为这是因为蒂博自己的问题。他的性格不算太执拗，个性也不算太张扬，也说不上是多重人格，不讨人嫌，没有什么行为上的问题，也不顽劣，更不是一个将来注定要进监狱的孩子……而对他母亲的评价，就没那么好听了：在我们生活的那个时代，家长们完全知道怎么教育自己的孩子，该打屁股的时候就要打屁股（当然，下手太重也要受到法律制裁的）。也许还有人想到，为人母的女性就别再去外面工作了，蒂博的母亲早就应该想到这一点。她肯定还有作风问题，和蒂博的父亲有着扯不清的关系……各位读者不必在此继续进行社会学、基因学、生物学以及遗传学方面的推测了，这个可怜的小娃娃也没有任何遗传病，只是在他还没出生时，新世纪家庭和亲子关系的弱化与不完整就已经在折磨他了。

拆散亲子关系的"不"

想知道我的看法吗？其实我与各位读者的看法一致，甚至对这位母亲感到不满，因为她竟敢带着这么微不足道的问题来打扰我这样一个青少年心理病理学专家，一个主任医师，一个……（如果她读到了这本书，并发现我写的是她的故事，那么我在此向她表示诚挚的歉意）然而，这位母亲没有做错什么，我无法向她提供任何答案或者帮助：如果她和她的孩子都没有心理问题的话，那么只能是她提到的那些冲突在破坏他们之间的情感交流。她对孩子的恨意、负罪感以及焦虑情绪在悄悄地拆散着他们的亲子关系。我了解不少类似的心理病理，它们全都缘于亲子关系的破裂（J. 鲍比、M. 爱因斯沃斯、B. 西鲁尼克、B. 皮埃尔-安贝尔、N. 盖德尼与A. 盖德尼等心理学家所支持的观点）。

在生物学、基因学、精神分析学、认知心理学以及行为心理学方面，无论是何种流派，所有学者都同意这一观点，即儿童只有在安全的亲子关系中才能发展个性，构建自我，将自己认同于生活环境中的一分子来感知存在和进行思考，并将自己投射到未来。至于孩子的母亲，有些学者将希望寄托于那种能让她明白一切，并在任何情况下都能与孩子相处的"著名本能"——母性的本能。如今我们已经知道，这种"与生俱来的爱"的神经递质会很快让位于一种建立于亲子关系基础上的伙伴关系（T. 布拉泽尔顿、D. N. 斯特恩、A. 布拉科尼耶、A. 纳乌里等心理学家所支持的观点）。

然而，蒂博和他母亲的亲子关系出现了问题。蒂博无法向母亲表达自己早年的恐惧：分离的恐惧、步入社会的恐惧、学习的恐惧、成绩的恐惧、男性角色缺失的恐惧……而蒂博的母亲找不出安慰他的话语，无法鼓励他保持自信，告诉他总有一天他会克服一切恐惧，她会帮助他，爱他。两个人都无法控制自己的情绪和感觉，导致双方无法正常对话。于是他们幻想通过某种特定的场景（每天的"穿衣大战"）来向对方表明自己的意图，相互理解，可这样其实只是加剧了两人对彼此的仇恨，让他们无视对方眼中的善意，无法感知彼此，更无法成为彼此特别的存在。

心理医生该如何应对"不"的问题

作为心理医生，我们的首要任务是以一颗善良的同情心，不带任何个人观点和偏见地解除患者的痛苦。理解是进行所有心理治疗的前提，蒂博和他的母亲确实曾经做到了这一点，二人之间确实还有交流，但是如果每天早上的"穿衣大战"持续下去，蒂博的母亲就会越来越没有耐心倾听孩子的声音，蒂博也会越来越不听话，并以此来吸引母亲的注意。二人在尝试交流无果后感到十分失望，现在便开始记恨对方。我的思想导师、知识面、专业能力以及治疗经验都无法帮我阻止这种"穿衣大战"，这个恶性循环，这场由"不"引发的战争。它每天早上都会一点一点侵蚀这对母子之间的关系。

结论变得十分明显：我们要阻止这场每天早晨都要上演的情感风暴，而现在，几句简单的安慰性话语已经对此起不了任何作用了。蒂博和他的母亲每天都应该以一种轻松的心情开始一整天的生活。他们的这种冲突虽然还没产生实质性的破坏，但它能阻碍任何形式的正常交流。于是我翻阅了一下行为教育手册，因为在我看来，它对于快速解决此类冲突十分有效，而斯金纳[①]和玛热罗特的理论正好解释了产生叛逆行为的原因。

两位理论学家的启示

战争的双方——蒂博和他的母亲在想到要彼此分开去面对各自的生活压力时都会产生焦虑情绪。一旦双方爆发愤怒，这种焦虑情绪就会被阻断，因为根据G.玛热罗特的理论，一种强烈的情绪可以阻止另一种情绪侵占大脑。因此，蒂博和他的母亲几乎是本能地用愤怒保护自己免受焦虑之苦。另外，蒂博在吸引了母亲注意的同时，也让母亲无法将精力集中于她自己的工作和她所要面对的一大堆精神压力。这种成功吸引母亲注意的结果更坚定了蒂博的态度，并使他决定继续维持这种态度（斯金纳的理论）。根据斯金纳和玛热罗特的理论，R.巴

---

① 伯尔赫斯·弗雷德里克·斯金纳（1904—1990），美国心理学家，新行为主义学习理论的创始人，也是新行为主义的主要代表。

克雷创造出了几种借助工具且简单易行的治疗方法，能够快速消除那些阻碍心理疗法干预的行为。

在两位专家的理论指导下，我和蒂博的母亲开发出一种游戏，旨在让蒂博放弃现在的叛逆行为，转向一种更有价值和效果的行为，以同时减轻他和母亲二人的焦虑情绪。游戏投入使用后，几天下来，早上的时光宁静了许多，二人会在晚上给彼此一些时间，聊一聊一天中各自都做了什么，以及第二天的活动计划。之前的心理治疗铺垫工作让他们能够与彼此进行交流并互相理解，而那项游戏在帮助他们恢复关系以后，也便失去了存在的必要，慢慢退出了他们的生活。

如何处理"不"

这个案例深深地影响了我作为心理医生的职业生涯。我曾经受到的教育告诉我，不要着眼于"症状"，而蒂博的案例使我明白，在彻底无视症状之前，我应该首先评估一下症状的具体表现、该症状对家庭成员日常关系的影响以及它对心理治疗有多大的阻碍作用，哪怕这项工作会破坏正常的心理治疗流程。

我知道，很多心理医生会因为我提出并证明了以上说法而怨恨我："什么？！你以为你阻止了某种行为，它就不会再次出现了吗？你只是给它换了个地方而已！行为主义[①]就像做短期肌肉训练一样，训练一停，肌肉马上就会消失……"我还听到过更过分的评价！

更有甚者，似乎选择做一名认知行为疗法医生是信奉野蛮的反犹太主义的表现。这样说来，我那战争时逃过了犹太人的大屠杀并躲藏

[①] 美国现代心理学的主要流派之一，主要观点是认为心理学不应该研究意识，只应该研究行为，把行为与意识完全对立起来。

起来的已故祖父母岂不是要再死一次了？不，我当然不是要背叛犹太人，我更没有想过要否认任何一种心理治疗法。但是我的导师们——R. 迪亚特金、S. 列波维奇、P. 雅梅以及A. 布拉科尼耶——曾经告诉我，想要成为一名颇具洞察力的心理医生，就必须在心里为这份工作留下足够大的空间。因此，我认为，首先消除严重影响理性客观思考的那些症状表现，这是十分重要的。

我记得蒂博和他的母亲曾经接受过病因学类的心理治疗，但该疗法所提供的手段没能派上用场，因为这些手段要用在他们关系出现缓和的时刻，才能让他们以一种很有安全感的方式重新建立起感情的纽带，然而他们之间的冲突根本不给他们这样的机会。这时有些人可能会说，事情确实如此，但谁敢保证当时那位病因学疗法的医生是真的找到了问题的根本？谁又敢保证持续不断的冲突不是由抵触情绪引起的呢？这样说也有道理，但说到底，如果不先平息他们之间的冲突以及由冲突引起的双方的焦虑情绪，又怎么能知道问题的症结所在呢？

对情绪起保护作用的"不"

请各位读者放心，我并没有批判任何一种疗法的意思：INSERM（法国国家与健康医学研究院）的研究（是否于2005年进行待确认）结果表明，每种疗法都对其适应症有效。作为一个接受过医学和心理学教育的人，同时也作为一名母亲，我很清楚，每一种疗法都会并且都应该遵从某种逻辑，具有与其他疗法的互补性，并依病情的变化进行适当调整，尤其要考虑到每个患者的特殊性，他的家庭关系，他的自我，他对未来的看法以及他的价值观。目前没有哪种疗法能保证完全治愈心理问题并一劳永逸。你真的认为治愈后就彻底没有任何心理问题吗？你觉得自己好好开车就不会出交通事故了吗？同爱、愤怒以及伤感这些情绪一样，焦虑也是与生俱来的。只有实施脑白质切断术，才能确保让你再也不受所谓的心理问题的困扰，帮你摆脱那些虽然使你感到痛苦却实属人类本性的情绪。我很乐于听到并相信这样一点：对于一个患者来说，了解自己心理问题的根源有助于更好地处理问题。

然而，如果问题所引起的痛苦过于强烈，我们最好先试着减缓这种痛苦，因为如果选择其他治疗思路的话，很可能会迫使患者逃到一个他自以为安全的境地，可事实上他只是陷入了另一个不那么难以忍受的心理问题而已。蒂博和他的母亲便是一个典型的案例。我后来将他们慢慢地引导到他们真正的问题上面，母子二人才得以通过重新建立起来的沟通和失而复得的相互信任共同克服了他们的心理问题。

家长们的"不"

行医多年以来，我渐渐扔掉了当初的傲慢，也不再架子十足地宣称某某患者的问题根本不值得一探。以前，我认为医生对孩子的倾诉应该尽到保密的义务，现在我倒是觉得，家长才是最能帮助孩子且最为孩子的需求和健康着想的人。如果不与家长建立一种同盟关系的话，孩子是无法独立完成治疗的，他会产生到底该忠诚于医生还是自己家人的矛盾心理，而正常情况下，他肯定还是更愿意先恢复与家人的沟通和交流。

因此我改变了自己的工作方法。我会首先与家长建立合作关系。另外，我不会急着探寻家长们在哪些方面做得不到位以及哪些是他们本该做到却没有做到的事情，我会坚持让他们先认识到自己的能力，即那种给予他们勇气，让他们为了孩子的幸福而来向我寻求帮助的能力。无论他们到来时是一脸的疲惫、愤怒还是焦虑，无论他们是不是夫妻不和，他们最后都会承认，做一名"好家长"并不是一件容易的事情。但这世上是否又存在所谓的"好孩子"（和完美的心理疗法）呢？我更倾向于相信一种"和谐家庭网"的存在，这张网是由孩子的"善待能力"和父母的"善待能力"交织而成的。帮助家长的同时不要让他们产生负罪感，要让他们意识到，孩子的成长计划并不容易实施，而家长们在计划中扮演着十分重要的角色。还要让孩子明白，善待自己的父母，就是在善待自己，帮助自己成长。从家长的角度来说，带着爱与同情心重新开始善待自己的孩子，也能使自己找回为人父母的感觉。

心理障碍所表现出的狂躁、挑衅心态、焦虑、易怒、爱伤人以及疲惫等症状经常会引发家庭暴力，由于这些症状和情绪过于强烈，以至于脱口而出的话语十分恶毒难听，惹人恼火，又让人事后懊悔，并会逐渐弱化亲子关系，使双方对彼此感到无能为力，并诉诸具有破坏性的语言或肢体暴力。家长们总是在事情发展到这样一种地步时才来求助，或许是迫于家庭灾难的压力，也或许是受到了孩子其他监护人的坚定鼓励。研究人员也总是在事情发展到这样一种地步时才对家长进行评估。面对家长强烈而矛盾的情绪，他们的结论便是，家长的过激行为是由药物引起的，如果不把家长和孩子分开，问题可能会更加严重。然而，这些研究人员根本不了解问题出现之前那些家长的情绪状况。我倒是觉得，如果家长们不担心心理医生和社会会对他们做出如此糟糕的评价，如果他们在此之前能得到正确的引导（而不是一味地自我谴责），他们肯定早就来向我寻求帮助了，从而避免家庭暴力的出现，以及它所引发的慢性痛苦和成人的严重心理疾病。

日常心理学中的"不"

通过蒂博与其母亲的问题和许多其他亲子冲突的案例,我发现了一种日常心理学,而且每位家长在面对孩子成长历程中不可避免的冲突、恐惧和焦虑时都会本能地用上这种日常心理学。这种"民间药方"在许多心理疗法中十分常见,我敢肯定,如果必须对这种"民间药方"做出评估的话,它肯定是最有效的一种疗法,因为没有人能比家长更适合做自己孩子的心理医生。我自己的女儿做了什么蠢事时,我就经常用到这种"民间药方"。我和各位的情况一样,我的女儿总喜欢惹我生气,逼着我和她发生矛盾。你们肯定听到过这样的话:"别人的父母比你强多了",或者"我再也不爱你了,妈妈"。我则常听到女儿说:"你那一套对你的患者好使,对我可没用",或者"我真是搞不懂!你对患者比对我强多了……"

在这里,我希望与各位读者分享我用于帮助我女儿、蒂博的母亲以及许多其他人的方法。如今有不少心理医生都在使用这种方法来消除那些干扰我们看到根本问题的症状。我十分感谢这些心理医生,因为我知道,他们和我一样,也曾质疑过我们所接受的心理治疗方面的教育,并最终选择相信自己的患者,相信被某些"知识分子"嗤之以鼻的那些辅助性疗法。积分游戏目前已经得到了广泛的普及,我下面要展示的是该游戏的最新版本。十几年来,经过无数位家长的改进,这个游戏已被证明特别实用和有效。

积分游戏:如何将"不"变成"是"

与孩子进行讨论,制定一个以周为单位的表格,并在表格中填入一系列必须完成的任务。

	星期一	星期二	星期三	星期四	星期五	星期六	星期日
铺床							
下午5~6点写作业							
不能让父母重复同一要求超过三次							
晚上整理书包							
刷牙							
打电话不能超过十分钟							
其他活动							
合计							

表格使用方法

如果孩子还没到识字的年龄,可用绘画或图片描述相应的任务。

1. 孩子完成一项任务后:

在对应的位置加一分(可贴一片彩色小便签或一枚小圆片),并写上正面的评价。

要把对孩子的满意表现出来。

2. 如果孩子未能完成任务:

不要写任何评价,任务对应的位置最好保持空白。(为防止孩子在表格上作弊,可在该栏贴上不同颜色的小便签,但绝对不要写上你的评价)

3. 如果孩子表现出色的话:

如果孩子做了一些不太常见而又让你感到十分高兴的事情,比如拿了好成绩、主动帮助你做家务等,那么就可以给他多加一些分数。

留意孩子所有值得称赞的行为,并在对应的位置给孩子加分,想加多少就加多少。

给孩子做周末小结

孩子可以用自己得到的分数在(事先整理出的)日常娱乐目录中换取自己感兴趣的几项。只计算孩子获得的加分就可以了,因为如果在空白的任务——孩子不配合你的任务——一栏给孩子减分的话,不但达不到平息叛逆的目的,反而可能助长叛逆情绪。

关于兑换积分的问题,家长要事先与孩子商量并整理出他喜欢的娱乐活动的表格(正强化的内容)来。

三类强化刺激法

"耗材类"强化刺激:糖果、礼物等。

活动类强化刺激:看电影、去游乐园、看电视、玩电脑等。

以上两类强化刺激可以立刻让孩子体会到完成任务带来的乐趣,但其效果无法持久。毕竟,这类刺激带有哄骗的性质。

精神类强化刺激:表扬的话语、微笑、亲吻等。它们是家长在感到满意并给孩子加分时的表现,也是最重要且长效的强化刺激。物质奖励固然可以立竿见影,但只有你对孩子表现出的高兴和满意才能保持并延长孩子的干劲。因此每次发现孩子哪怕一点点积极改变的迹象时,一定不要吝惜你的赞美之词。

表扬的合理使用与误用

通过刚刚谈到的儿童成长心理学,我们可以看到积极强化刺激的重要性:孩子会选择一种回应你的方式,并观察这种回应的效果。若产生积极效果,孩子会倾向于重复同样的回应。多数研究表明,在教育过程中,最有效的并不是得分和奖励,而是你在孩子完成一项任务时给他的正面评价(表扬)。你一定要尽可能多地——且不仅限于在

积分游戏中——使用精神类强化刺激,即我们常说的"表扬"。表扬的好处有很多,以下为主要几点:

1.能够满足家长和孩子双方的需要。

我们每个人都喜欢受到表扬。把对孩子的表扬和你内心的喜悦通过语言表达出来,便是对孩子的一种肯定,也会使他意识到自己的行为是正确的。你常常觉得,即便你不说,孩子也知道你对他感到很满意,然而情况并不是这样,在与孩子沟通的过程中,让他听到你的表扬尤为重要。

2.能够让孩子知道你将他的努力和进步看在眼里。

这也是在鼓励孩子继续下去。

3.能够让孩子开心,改善亲子关系。

越多地与孩子谈起他的良好表现,你们的关系就越能变得亲近。

以一种积极的方式明确指出在你看来他做得好的方面。

表扬孩子摆了饭桌,比批评他没有摆饭桌要更有效。

4.能够帮助孩子更好地理解你的需要和感受。

你越多地表达你的需要和感受,孩子便越容易理解他在和谁打交道,以及要怎样做才能使你满意。

5.能够促进亲子之间的沟通与交流。

我们之前曾经强调过,叛逆行为首先是一种交流障碍的表现。叛逆的孩子说的话有时是前后矛盾且不可理喻的,这会让家长感到自己不被孩子所接受,或者会与孩子发生冲突,导致问题无法真正得到解决。家长要告诉孩子,想要改善人与人之间的关系,语言往往比叛逆的行为更加重要。

6.能够减少批评的次数。

如果你经常说你喜欢孩子的某个表现,孩子就会理解你的潜台词,即你不喜欢相反的表现。这样一来,孩子会更相信你,也更能接受你对他提出的批评。

几点建议

说话时多用"我"并多表达自己的感受。

通过大声地说出自己的感受，你可以表达出对孩子的满意，并加强与孩子的互动。另外，要尝试摒弃过于客观的句型，使用能带来更有冲击力的句式。

"还不错"可以变成"我很高兴"。

"你很好地完成了作业"可以变成"你的作业太让我自豪了"。

"你的房间整理得很好"可以变成"你能整理好自己的房间，这太让我高兴了"。

保持真诚的态度。

我们不应通过无谓的夸奖来哄骗孩子以达到自己的目的。此外，家长应该表达自己的真实感受，只有这样才能获得孩子的信任并改善亲子关系。

到了奖励的时刻

给孩子所有的日常娱乐活动列一个清单。注意，是所有的。之后根据你的实际情况为这些活动设定分数。

日常娱乐活动清单

为游戏、电视、电脑、PS游戏机、DS游戏机、手机以及其他娱乐设备设定分数。得分=使用设备的时长（分钟）。

一定要按照自己的想法和原则来设定分数。就拿我的例子来说，完成作业前看电视所用的分数要远高于完成作业后看电视的分数，因此要想做作业之前看，就得储备很多的分数。

同样的方法适用于孩子所有的娱乐活动。因此，当孩子提出一项新的娱乐活动时，不要拒绝他，而是要把这项活动加到清单里，并为它设定相应的分数。

注意：当孩子的某个新要求与你的教育原则背道而驰时，你完全可以拒绝他，但是要向孩子解释清楚原因。当然，如果你确实不想答应他提出的新活动，你也可以为这项活动设定一个极高的分数。

"耗材类"奖励清单

该类奖励——早晨吃的果酱、（用来替换蔬菜的）薯条、糖果、巧克力面包等的分数设定原则与娱乐活动清单相同。

你也可以将零花钱、娱乐性杂志的订阅等纳入清单，让孩子用积分来兑换。

礼物清单

你还可以以礼物的形式对孩子进行奖励，但是这种礼物应比较贵重，要让孩子通过节约和积攒分数才能够换取。

积分兑换表

0~100 分	100~300 分	300 分以上
看 1 小时电视	完成作业前看电视	新的免费版 DS 游戏
玩 1 小时电脑	新衣服	
饭后可以直接去玩，不用收拾饭桌	迪卡侬牌篮球鞋	名牌篮球鞋
邀请一位朋友来吃午饭	邀请一位朋友来家里睡觉	邀请两位朋友来家里睡觉
1 块糖（10 块糖将需要 100 分以上）	看电影	
饼干或巧克力酱	制作蛋糕	
10 分钟后可实现自己的要求		
手机套餐	手机套餐	手机套餐
零花钱		

如果家里有两个以上的孩子,将积分游戏用在全家所有的孩子身上,这样可以避免伤害到"有问题"的那个孩子,还可以解决不同孩子同时想看电视或玩电脑的时间冲突。

积分计划实施期间

做好娱乐项目的清单,于下一周进行积分兑换。这种进度安排对特别亢奋、总是迫不及待地要实现自己请求的孩子来说十分重要。

每周与孩子一起协商制定新的表格。

提高任务的要求和数量,但要注意循序渐进。如果你的孩子从未收拾过饭桌,而你希望他养成收拾饭桌的习惯,那么可以在第一周给出收拾碗筷的任务,第二周再提出收拾碗筷并把餐桌擦干净的要求。

	星期一	星期二	星期三	星期四	星期五	星期六	星期日
铺床及收拾自己的物品							
下午5~6点完成作业							
最多让父母重复一次对自己的要求							
晚上整理书包和自己的物品							
刷牙并摆好自己的毛巾							
打电话不能超过十分钟并要负责摆饭桌							
其他活动							
合计							

如果发现某项活动的得分极少，家长要就如下问题进行反思：

1. 我的孩子是不是没有明白这项任务？

避免使用过于生硬的词语，如"必须学习""必须整理""必须听话"等，要将对孩子的要求具体化，即表格中的任务应该是实实在在的要求（如有没有铺床，是不是在下午5点开始写作业等）。将任务具体化的一大好处便是能够避免由家长和孩子对同一词语的不同理解所引起的意见不一致。

2. 这项任务适合我的孩子吗？

家长在制定任务时应考虑到孩子的年龄和能力。如果你的孩子还没有学会看时间，他就很有可能不会在下午5点开始写作业。表格里的任务应该与孩子的能力相适应。

3. 这项任务对我的孩子来说是不是太难了？

如果你的孩子从来没有整理过任何东西，那么你不要一开始就要求他每天收拾自己的房间。你可以分步骤来：先让他收拾自己的床；然后是床和衣服；再然后是床、衣服和玩具，依此类推。如果他以前在你重复十遍要求后才去做的话，那么第一个表格里的任务就可以写成"不能让父母重复同一要求超过十次"，然后每周递减。

4. 我的孩子是怎么想的？

要和孩子一起寻找没有完成任务的原因。首先，问问孩子为什么某项任务只得了很少的分数。这个举动对孩子来说是种鼓励，因为这表明你关心的是他的成功，而不是别的什么东西。

问问孩子他是怎么完成任务的，并与他讨论如何改进他完成任务的方法，提高自己的效率。如果你能够与孩子讨论一些可能出现的问题，那么你已经实现了你最初的目标之一：恢复与孩子的沟通，并理解由孩子的叛逆行为造成的沟通困难。

积分游戏的几个技巧

不要把每周例行的体育运动和娱乐活动作为游戏的筹码，它们都是不可或缺的，孩子需要这些活动来放松一下。它们有利于锻炼孩子的肢体语言能力，这种能力在学校里是不太容易得到锻炼的；它们能够提高孩子的社交能力；它们能够帮助孩子发展新的行为能力，开拓思维，学以致用。学龄儿童需要这种能提高他们学习能力的自由活动空间，因此不要剥夺孩子进行这类活动的权利。

不要以孩子在兑换积分当天表现特别糟糕为借口，拒绝对他进行奖励。积分是孩子通过完成你所规定的任务换来的。如果你因为孩子表现不好而抹掉他的积分，那么你就会毁掉孩子之前的努力。如果孩子在那天确实做了什么让你无法忍受的事情，你可以为这件事情规定一个分数，并在当周结束后从孩子的总积分中扣除该分数。

前两周里，尽量让孩子赢得轻松一些。你可以在表格中写上一些他已经知道怎么做，只是不会定期做的事情，这样可以对孩子起到鼓励的作用，让他知道这个表格对他来说并不是一种惩罚，而是为了避免冲突和使他获得奖励的一种方法。前两周游戏的目的主要在于让你熟悉游戏的玩法并学会与孩子进行沟通协商。

如果你还有别的孩子想玩这个游戏，也要欢迎他们加入。通常情况下，叛逆的那个孩子的兄弟姐妹们也会想玩同样的游戏。为什么不呢？如果孩子们之间经常发生争吵，可以在每个孩子的表格中都加上"每天最多吵架××次"一栏，你会看到，孩子们会自己想办法避免冲突，从而获得积分。

不要在孩子获得足够积分前给予他们相应的奖励。积分规则一旦确定并开始施行，就不应再让步。如果离获得某项奖励只差几分，也一定要等到积分足够再说，因为只有这样，你的表格才有意义。如果孩子发现只要对你软磨硬泡就可以获得自己想要的奖励，那么他以后就不会进行任何努力了。

永远不要用未完成任务来减分以威胁孩子。

游戏的个性化

积分游戏确实是心理专家设计的，但如果你懂得如何根据你自己的原则让它适用于自己的孩子——毕竟没有人比你更了解他——这个游戏的效果就会更好。可以将专家的方法和你自己的直觉结合到一起去设计游戏，这样才能获得最佳结果。事实上，游戏的宗旨是让孩子学会以一种能被周围人接受且对他自己也有益的方式来表现自己的个性。

如果孩子表现出来的个性令你担忧或者在你看来有些病态的话，积分游戏也能够在心理咨询的过程中帮助你更明确地表达你的担忧。

概括一下

积分游戏可以帮助你避免冲突以及那些让你追悔莫及还毫不见效的惩罚。它十分有效，简单易行，还能提高孩子的自身价值，而且无论在短期还是长期内都好处多多。

目的	手段
巩固孩子的正确行为	为孩子做出的努力赋予价值，并对其进行奖励
除掉消极后果	减少冲突与惩罚
消除孩子的"问题"行为	不要为叛逆行为打负分
让孩子学会自律	将成功变成孩子自主的选择
帮助孩子制订计划以达到目的	刺激孩子成功的欲望
通过对话解决冲突	与孩子进行沟通与交流
为未来做好铺垫	将最初的几次努力成果保持下去
让孩子明白你的教育原则	赋予孩子在社会生活中所需的价值

你很快便会为孩子完成任务的能力和他的进步感到惊讶,而且你和孩子会一起找到一种全新的沟通方式,那就是建立在协商而非冲突之上的沟通。

碰到紧急情况该怎么办

从长远来看,对于消除叛逆行为,以及实现一种通过对双方都有效且有益的沟通来解决问题的对话来说,积分游戏是最有效的办法。然而,就算你再努力,面对孩子的挑衅,你有时也很难保持平静。当事情超过了你忍耐的限度时,很明显,你会有所行动,也就是要对孩子进行惩罚。在学习理论中,惩罚行为被称为"消极后果",分为两大类:

第一类能够立刻消除叛逆行为,且一劳永逸。

第二类虽然能够立刻见效,但从长远来看无法解决问题。

第一种解决方案:取消奖励

具体怎么做,要看奖励的取消是暂时性的还是永久性的。所谓暂时性的,就是在一段时间里不让孩子获得奖励(正强化),也就是所谓的"隔离";所谓永久性的,就是彻底收回孩子之前已经赢得的奖励。

"隔离"的几个原则:

当你感到自己马上就会失去冷静,冲孩子发火时,我们建议你立刻让孩子离开你的视觉范围和听觉范围。"隔离"的意思是把孩子放到房子里某个十分无聊的角落(走廊或者卫生间里),这个角落不能引起孩子的恐慌,因此千万不要把孩子关在地下室或者黑漆漆的壁橱里!你也可以只是把孩子从你所在的房间里赶出去,或者把你自己关在一个不允许孩子进入的舒适的房间里。

注意,"隔离"的时候不要冲孩子大喊大叫,也不要花太长时间跟他解释原因。另外,也要警告孩子,如果他还继续现在的行为,你将会采取进一步的措施。

"隔离"的时间并不是固定的,从一分钟到五分钟不等,极少超过十五分钟,而且家长们最好事先将具体的时间确定下来。孩子年龄越小,"隔离"的时间应该越短。

如果"隔离"开始后孩子还在继续自己的行为,那么"隔离"的时间要从他停止该行为开始计算。暂时的隔离会带来一种大环境的改变(消极后果),同消退程序①(中性后果)一样,它的目的在于让孩子的某个行为永远消失。

采用何种态度?有哪些注意事项?

如果孩子没有马上安静下来,不要担心。这是正常现象。你甚至可能看到孩子的表现愈加激烈,其实他只是想让你对此做出反应而已。不要对他嘴里说出的恶毒言语或者给你起的诡异外号感到震惊,如果他的言语过于暴力,你可以打开收音机或随身听,也可以借此机会跟自己最好的朋友煲电话粥。

不要把贵重物品留在孩子能拿到的地方。一定要记得把你心爱的中国瓷瓶或者你祖母的水晶摆件藏起来,它们可承受不住你孩子的怒气。另外,通常来说,你越是喜欢一样东西,孩子越有可能拿它出气(显然是为了让你妥协)。

屏蔽一切能够让你"怕得要死"的外部因素。关上门窗,不要在乎邻居的反应,藏好危险物品。另外,我们刚才提到了走廊,其实走廊是"隔离"的最佳场所,因为走廊里几乎没有家具、贵重物品或者窗户。

---

① 使一个经过一定时间强化的行为不再被强化并最终消失的手段。

不要妥协于负罪感。有些孩子可能在"隔离"开始后还要闹上一到两小时。在此期间，你的怒气会逐渐消退，并最终让位于负罪感，于是你会想停止这种惩罚，然后去安慰一下你的小天使。但是这种行为会产生即时强化的效果，一旦同样的情况再次出现，想让孩子彻底安静下来，你就要等上更长的时间。

记住，孩子很清楚妈妈要比爸爸更容易心软，因此孩子在自己的母亲面前表现会更夸张。我建议各位母亲不要单独对孩子进行"隔离"。父亲的在场能让母亲安心，也能让孩子更容易安静下来。

"隔离"结束后仍然要让孩子完成规定的任务。

别把事情想得太坏，大多数家长一开始会有些犹豫，害怕孩子一旦被"隔离"，会摔门、大喊大叫或者伤害自己。事实上，家长们很快就会发现，孩子的火气极少像他们想得那么大。另外，一旦孩子发现你没有让步的意思，他会转用其他的沟通方式来引起你的注意，你会看到"隔离"的时间迅速缩短。

永远不要把孩子赶回他的房间。会产生两种后果：第一种，如果这正合孩子心意的话，你非但没有消除孩子叛逆行为的强化因素，反而给了他一个逃避任务、回房间玩耍的机会。第二种，如果他的房间成了惩罚之地，他会从此拒绝在房间里玩耍或写作业，尤其会拒绝睡觉（因为房间变成了一个让他过于焦虑的场所）。

应该"罚款"吗？孩子做出了我们不愿意看到的行为后，就要让孩子交回之前自己赢得的强化内容（奖励），具体交回的奖励内容需要家长和孩子双方事先商定。如果孩子的叛逆行为让你难以忍受，那么你对他的惩罚要更加严厉：直接抹掉积分表中的分数。孩子因此会明白自己的行为是值一定分数的，他要用自己的分数"支付"自己的行为。尽管这能让孩子意识到自己行为的价值，但这种方法仍然有待商榷，并会带来一定风险。如果过于频繁地使用扣分的手段，孩子会放弃努力，因为他们会觉得反正自己得到的分数也可能由于犯了错误而被抹掉。

第二种解决方案：传统的惩罚手段

传统的惩罚手段即在孩子做出不当行为后马上给予他一种厌恶刺激。如果这种刺激表现为身体上的侵犯（如打屁股、扇耳光等），那么它属于初始刺激；如果表现为成体系的语言侵犯（如训斥、说教、批评等），则属于社会刺激。这两种刺激在日常生活中是普遍存在的。通过这些刺激，孩子很快就能意识到，如果拿了伙伴的玩具，他会挨打；如果把手指放在门缝里，会被夹伤。家长们自古以来就在使用这种厌恶刺激，因为它可以迅速终止某个让家长无法忍受的情形，还可以让家长通过对孩子进行身体上的侵犯而释放自己的紧张情绪。换句话说，这种刺激对使用者是有好处的，由于其立竿见影的效果，家长会倾向于频繁使用这种刺激。

掌握好惩罚手段的分寸

打屁股对于家长来说是有好处的，可以迅速终止某种紧急情况。然而，打屁股只能在矛盾极其尖锐或者即将发生危险的情况下使用。

想要让打屁股的手段长期有效，家长应尽可能减少使用的次数。

传统惩罚手段的缺陷在于它完全无法在长期内纠正孩子的某种不良行为。所有的家长都很明白这一点：对孩子进行惩罚或者打屁股并不能阻止他在此后几天或者几小时内不再犯同样的错误。千万不要滥用传统的惩罚手段，否则极有可能让孩子产生麻木感。

第三种解决方案：威胁

威胁指的是通过预先提醒孩子避免不良行为的出现。威胁可以让孩子意识到，你对他的期待以及他让你失望后你会做出的反应，同时也为孩子设置了不能超越的界限。因此，威胁对于孩子的行为能起到预防作用。你必须要有能力做到你威胁的内容，这样威胁才会有效。永远不要用一件你不会去做或者做不到的事情来威胁你的孩子。

要知道，孩子肯定会想办法证实你是否能做到你威胁的内容。他们会测试你的可信度，因此，即使你不愿意，你也要表现出强势的态度，唯有这样，才能让孩子乖乖地遵守你的家规。

总结

最后，撰写本段时，我是带着一种自豪感和使命感的，希望各位读者能够体会到我的真诚。十几年来，我一直带着这种感觉投入自己的工作之中，读过我作品的家长们会将我书中提到的教育方法付诸实践，另外，我的一些书在他们和我之间建立了一种十分珍贵的合作关系，我在处理他们孩子的问题时也得到了他们的帮助。家长的任务是阻止日益增长的破坏亲子关系的因素，而我的任务则是更直观、更审慎、更积极地研究孩子的心理障碍的根源，使得孩子不再处于与家长的冲突之中，他周围的成年人们会用他们的知识和能力帮孩子找到正确的成长之路。

第十章　与孩子沟通：爱、管制、倾听、尊重与理解

贝亚特丽斯·米莱特　心理学博士、认知疗法心理医生。曾出版多部旨在改善心理健康的作品，其中包括由奥迪尔·雅各布出版社出版的《看到生活美好的一面：心理调节小窍门》（2009年）。

"你呢，贝亚特丽斯，你的女儿听话吗？"在一次晚餐中克里斯托夫这样问道，其实他的潜台词是，既然你是研究儿童心理学的，你的女儿肯定很听话！

还有一位女士，她和自己的孙子关系不太好，曾来向我求助，她也说过类似的话："好吧，不过您有那么丰富的专业知识，一定不会犯错！您总有办法能管好自己的女儿！"

完美的母亲并不存在

感谢各位给予我的支持，这让我心里暖暖的，我很感动。不过，很遗憾，我并不是——将来也不会是—— 一个完美的母亲。哦，我当然也曾经梦想过做一名完美的母亲，希望有一天自己不再对孩子发火，不再为肩负母亲的责任而感到苦恼。我有时甚至会翻阅其他心理医生的作品，看看他们是否能提供一些我未曾想到的解决办法。一旦找到一两种好办法，我马上会付诸实践。但是结果很明显，哪种都不

管用!

为什么会"结果很明显,哪种都不管用"?因为只有我才最了解我的女儿,只有我才知道自己对女儿的期望,我想教会她什么,什么对她是最重要的,她喜欢什么,她的生活是什么样子,我的生活是什么样子,我们的生活是什么样子……任何书籍和专家都无法了解这一切,也无法考虑到这一切。那我该怎么办?

于是我合上书,并忘掉了书中所写的建议。我是孩子的妈妈,是一个人。千百年来,人类总能学会自我建构,独自渡过难关。当然了,结果有好有坏,但总体来说,人类能够独立克服困难,过去能,现在能,将来也能。

注意,我的意思并不是说我们完全不需要他人的建议,我只是想要告诉大家,首先要意识到,我们知道怎么做,我们也可以做得到。

自信起来:只有你最了解自己的孩子

我们这些心理医生当然可以给你各种建议,但是,要知道,只有你才清楚这些建议是否真的适合你的孩子。世界上没有包治百病的良药,但是总有能够帮到你、对你起到指导作用的建议。一定要记住,我们每个人都知道怎么做。然而,在前进的路上,我们有时会忘记这一点,于是我们会向专家求助,询问他们自己到底该怎么做。

比如让-伊夫,他是只有三个月大的路易丝的爸爸。小路易丝特别爱哭,有一天晚上,她一直不停地哭,让-伊夫和他的妻子只好打电话向医生紧急求助。"您的女儿饿了。"急救医生如是说。怎么会有这样的家长?哦,不要笑他们,同样的事情有一天可能也会发生在你身上。他们其实只是按照儿科医生说的去做:"每次喂奶150毫升。"但他们执行医嘱的方式太刻板了,完全忘记观察孩子的反应,做不到随机应变。

还比如朱莉,她是三个月大的亚历克西的母亲。小亚历克西每晚都在床上哭个不停,可一旦妈妈把他抱在怀里,他就会立刻安静下来。我问朱莉:"为什么不让他在你怀里入睡?"她答道:"不,我不能。孩子要是哭,就应该让他哭,不能抱着他,哄他睡着,也不能让他在我们的床上睡。"是吗?这是谁规定的?明明很容易就能止住孩子的哭泣,又是谁说放任他哭下去会对他有好处呢?其实做家长的都知道,孩子之所以哭,是为了表达不悦、痛苦……总之是一种不舒服的感觉,而且他只会用这一种表达方式。但这并不意味着满足他,他就会变得任性——当然,前提是你要掌握好尺度,尤其要认真倾听他的心声。

学会观察孩子的反应

在照顾孩子方面,你是最好的专家。首先观察一下你的孩子吧,注意他的性格、他的好恶以及他的行为。不要受各种传言的影响,比如那些"据说"和"必须"。是谁规定要放任孩子哭下去?要冲孩子发火?要让他做他不愿意做的事情?注意,我并不是说家长应该采取完全听之任之、无限宽容的态度,远远不是。我的主张是家长应该坚持在孩子出生之前,设想孩子的性格和个性。你,也只有你,才最了解自己的孩子;你,也只有你,才知道什么对孩子是最好的。

懂得倾听孩子,信任孩子

孩子并不是故意要"捣乱"的,但这也不是说孩子意识不到自己在做什么,不过,无论如何他是没有恶意的。他这样或那样的表现肯定是有一定原因的,因此他的行为可能会千奇百怪,一天一个样。

五个月大的克拉拉忽然拒绝喝奶,而在此之前一直喝得好好的。

一天不喝，两天不喝，这种情况竟持续了十天。她的妈妈开始反思，并觉得问题出在了奶粉上，事实确实是这样：十天前她改成了无麸质奶粉（推荐六个月以下婴儿食用）。而十天后又改回含麸质奶粉，克拉拉又开始高高兴兴地喝奶了。

因此，即便孩子长大一些，家长也应该时刻记住，孩子不听话，一定是有原因的。

一对父母来到了我的办公室，因为他们八岁的儿子克莱芒出现了一些学业方面的问题："他放学回来以后不愿写作业。第一个学期还好，但越往后越难让他老老实实写作业。"这是很典型的儿童厌学问题。于是我建议家长不要因为孩子对着作业本发呆或者感到疲倦就冲孩子发火，要想想有什么办法能让他稍微感到轻松一些，甚至可以让孩子翘一两天课来使他重新振作起来（对不住各位老师了）。

因此，家长应相信自己的孩子。要知道，他在表达自己的问题时，并不是通过语言，而是通过行为上的变化。面对这样的变化，生气是没有用的，要试着去理解孩子。

生气也没用

冲孩子发火和打孩子一样是毫无作用的，这些行为并不能使事情好转：你冲孩子大喊一通，可能会暂时解决你眼中的问题，但同样或类似的问题下一次还会出现，你其实什么问题也没有解决。要对自己说，孩子并不是要故意捣乱的，他肯定有自己的原因。要试着站在孩子的角度看一看，回忆一下自己像孩子一样的年龄时是什么样子的？自问当年自己是怎么想的，你肯定能得到一个答案。

我们再来看看卡罗琳母亲的案例。她在睡前发现自己书架上的书乱七八糟地散落在地上，十分生气，于是她的女儿和她一起把书全部整理好。可是几天以后又发生了同样的事情。她问卡罗琳为什么会乱成这样，女儿答道："我找书来着，没有找到，而且我没办法把其他书都收好。"听到这样的回答以后，解决的办法也就出现了：让卡罗琳找完书以后，再去找母亲帮她一起把其他书收好。

达维德在晚饭时把父亲喂给他的炖菜又吐了出去，这让他的父亲大为恼火，因为他觉得孩子应该多吃一点。父亲的想法固然是好的，但达维德告诉我，他已经持续发烧一周了，他的母亲也说，孩子并不是很喜欢吃炖菜。那么该怎么办？应该意识到，孩子少吃一点不是什么大问题（哪个孩子也不会故意让自己饿死），而且应该让孩子食谱的内容更加丰富一些。

为孩子着想，也别忘了为自己着想

家长的角色便是要陪伴孩子成长，教他认识世界，并帮他找到他在这个世界中的位置，让他达到全面的发展。这是家长的责任，家长要为孩子着想，但前提是不改变自己的生活、身边的环境、价值观以及思维方式。这一点不太好做到，有时可能会让你稍感痛苦。

露西今年四岁了，他的父亲告诉我，他很少邀请孩子的朋友来家里玩："要知道，这对我来说太难了，他们一来我就不知道该怎么做了，因为他们就像一伙儿侵略我家房子的野人一样。"这个比喻是很恰当的，不过虽然这样，露西还是需要朋友来学会集体生活，而上学的时间并不能满足这种需求。是的，在这种时候，确实需要家长多付出一些，因为说到底还是为了孩子好。如果你不希望看到成群的"小野人"出现在家里，那就为他们组织一些小游戏或者寻宝活动，还有团队合作的游戏……你可以在网上找到无数好点子。

卢卡的父母很反对孩子看电视，尤其是流行的电视剧，他们觉得这些东西太影响孩子的生活了。于是他们禁止孩子看喜欢的电视剧，只许孩子看在大人们看来很好的节目。时间一长，他们发现这样做让孩子的性格变得古怪起来。这时，亲友及时伸出援手，送给卢卡不少DVD光盘，还有与流行电视剧相关的游戏。卢卡的父母感到十分高兴，还亲自给孩子买了一本与电视剧有关的书。

格扎维埃和他的小儿子都十分挂念彼此，因为格扎维埃每天都很晚才下班回家。而一到假期，他又会给孩子报名参加儿童俱乐部，自己则和妻子去远足。我明白他的良苦用心，但他忽略了孩子的感受和需求，孩子需要和自己的父亲共同度过一段时光。办法总是有的：比如不要总是把孩子送到托儿所去，可以在远足时带上孩子，也可以缩短远足的时间，早点回来与孩子团聚……

家长们也要避免走向另一个极端——那就是出于为孩子着想的目的而与孩子度过尽可能多的时间，因为这种相处的效果并不好，因为你自己做出了太大的牺牲。相处的时间可以短一些，但在此期间你一定要保证能够真正地与孩子分享快乐，真正陪他玩耍，这比你三心二意地陪在他身边要好得多。

时常想象一下完美的家长是什么样子，这有助于让你更清楚在育儿过程中什么才是最重要的事情。但绝对不要苛求自己或者苛求孩子做到尽善尽美。是的，孩子一进幼儿园就抢其他小朋友的东西或者咬指甲，这的确很让人恼火，但只要情况不是很严重，你就可以对自己说，过一段时间就好了。孩子的天性如此。至少现阶段是这样的！

孩子天性如此

孩子有他自己的性格，这一点你是无法改变的。如果你不去适应孩子的性格，而一味想要改变他，那么你只会给自己招来一肚子气和孩子的抵触情绪。

告诉自己"孩子天性如此",并且根据这种天性帮助孩子学会为人处世,学会扬长避短。毕竟,我们都是——至少绝大部分都是健健康康成长起来的,也就是说,尽管我们小时候也做过蠢事,尽管我们都有各自不同的性格,我们仍然能够在正确的人生道路上成长,尤其懂得如何实现自己人生的目标。

我们身边都曾出现过这样一个儿时的玩伴、表哥、表姐或者侄女,他们总是十分任性,周围人都觉得他们缺乏教养,性格冷漠。那么到了今天呢?当年那个任性而暴躁的孩子变成了一个漂亮的姑娘,或者两个孩子的母亲,性格沉着温婉,对待他人也十分热情。

同样,你要明白,发脾气是正常的,不完美也是正常的,要记住这两点,并解释给孩子听,必要的时候还要向孩子道歉。

管制、纵容、现实主义、家长权威、尊重……

尽管父母的形象十分重要,但家长的权威绝对不是——也不应该成为"军令",因为"军令"是建立在权力不平等的基础上的,而建立在尊重、互相理解以及相知相识这个基础上的权威并不是非要孩子顺从不可。这也正是管制与教育之间最大的不同。换句话说,家长应该教育孩子,而不是不惜一切代价制伏孩子。

孩子其实不需要管制,他们需要的是能够告诉他们在某种情况下该如何表现的标准。他们需要一道能防止他们出现冒失行为的栏杆,而不是纯粹强硬的禁令,我指的是那些雷打不动、毫不姑息且不容置疑的禁令。他们需要能帮助他们建立世界观的准则。

爱与体贴的言行，解释与责任的承担

我极少见到不喜欢自己孩子的父母。无论孩子做了什么，绝大部分家长都会无条件地爱自己的孩子。我们只是不喜欢孩子的某些行为和态度，但我们对孩子的爱绝对是毋庸置疑的。家长应不厌其烦地向孩子展示自己的这种想法。

要让孩子知道，你有时也会有不当的行为，尤其当你生气的时候，你也会像他一样说一些不该说的话。另外，如果孩子犯了错，要告诉他犯错并不是坏事，并指导他该做什么，不该做什么，只有这样，他才能渐渐学会不再重复同样的错误。要告诉他努力的过程比结果更重要，让他知道你十分清楚他是个好孩子，他总有一天会成功的。

教育孩子时也要与孩子进行互动，问问他，如果他是你，他会怎么做，还可以这样问："你已经知道你做的事情是不对的，那我就没必要火上浇油了，对不对？"

你一定知道，自己的孩子是最棒的，就算给你一座金山、银山也换不走他。那就把这句心里话说给他听吧，这样能够帮助他建立起对你的信任。

信任自己的孩子并不意味着放任他做任何事情。如果你的孩子不会游泳，而你还任他绕着泳池跑，这并不是信任的表现，也不像保尔对我说的那样，是一种对抗恐惧的训练。不，这其实是一种不关心、不理解孩子的表现，这意味着你根本不知道孩子能做什么，不能做什么。如果他的球跑向了游泳池，他肯定会追过去并掉到水里的。

同理，强迫孩子向面包店老板打招呼也毫无益处，正相反，这会让他同你赌气并拒绝说话。如果你的孩子比较腼腆的话，要首先帮助他学会如何与其他小朋友相处，使他养成良好的社交习惯。三岁的朱利安在海边玩耍的时候，走向一群小朋友，看着他们，等着他们邀请他一起玩。但结果并不像他想得那样好，他每一次都是一脸失望地跑回父母身边。于是他的妈妈告诉他，要走到小朋友们身边，对他们说："你们愿意带我一起玩吗？"从那以后，朱利安与其他小朋友相处时就感到轻松多了。

自信与不自信

露西的老师发现她缺乏自信，因为她总是向老师提出请求时表现得犹豫不决；而托马与她正相反，他是一个"调皮鬼"，特别爱掺和别人的事情，不太听老师的话。那么这两个孩子到底谁自信、谁不自信呢？该如何找到二者之间的平衡点呢？

我们不能把成年人的自信和孩子的自信放在一起进行比较。具有权威的成年人（如学校的老师）和孩子之间的关系事实上是不平等的。孩子不会主动向老师谈起自己的生活，这难道就是不合逻辑的吗？难道我们这些成年人就会向自己的上级说起自己的私生活吗？不，当然不会。

自信的孩子懂得与班上的同学和老师适当地进行互动，然而当他要向他人提出某种请求的时候，他的心里还是会有些不舒服，因为他并没有这种习惯（我们成年人也是如此）。自信的孩子还懂得如何交朋友，并且在同龄人中会感到十分自如。在这一方面，家长们不要忘记教孩子如何与他人成为朋友，如何与他人进行交谈，并给他出一些能在操场上进行的游戏的点子，教他几首能和小朋友一起唱的儿歌……另外，不要忘记带着孩子一起参加集体活动（如学期末的庆祝活动、嘉年华等），这能让他逐渐适应社交生活。你也可以给孩子创造与其他小朋友认识的机会，但不要太多，因为家长如果想要通过这种方法来对孩子进行启迪的话，很容易把孩子的课余生活变成没完没了的赶场。最好是选择一到两种能定期进行的娱乐活动，两种活动交替进行也可以，总之不要到处赶场。事实上，孩子也需要自己的空间来放松一下，也需要在家里玩自己的玩具。

被溺爱的孩子

"溺爱"也是一个被误解的词语，而且我不明白它的含义。孩子总是在不断成长的，他的需求也会自然而然地随之变化，为他提供适合其年龄的游戏和玩具并不会把他惯成任性的孩子。同理，即便孩子已经有很多书，再多给他买一本也无妨。积极回应孩子的需求其实有助于培养他的自信心，也是在向他展示你相信他的能力，并希望他自己也相信一切皆有可能。

这和满足孩子所有的欲望或者让他决定一切可不是一个概念，后者可能会导致孩子身心发展失衡，最终变成小皇帝。他并不能决定自己该吃什么，该几点睡觉，或者该看什么节目：他本身并没有能力判断什么才是适合自己的标准。

无论孩子总挑容易的事情做，还是常被广告里的东西吸引，这都是十分正常的，这时你就要向孩子讲道理，并且绝不能让步。不过，即便你的孩子只有五岁，给他买一套制造陶罐的玩具并陪他一起玩，这并不是在溺爱他，而是在向他展示新鲜事物。另外，通过让孩子将做出来的小陶罐送给其他小朋友，也能使他学会与他人相处。

童年时期的一切并不都是一成不变的，你的孩子总有一天能够独立起来，成为正常的成年人。

与孩子相处的几个要点

不要忘记你是知道该怎么做的

你最清楚自己的孩子需要什么。人类走过了上百万年，既然你也是其中一员，你就完全知道自己该怎么做。仔细倾听自己内心的声音，让它指引你去行动。

孩子天性如此

你的孩子生来如此，他有自己的性格、品质和弱点。你要接受这些，并在此基础上帮助他成长、进步。如果非要和孩子的天性对着干，你就是在浪费时间。另外，你也要学会接受自己的品质和弱点。

孩子是最大的财富

对你来说，没有比孩子更大的财富了。你的孩子是你期待的，也是你孕育的。那么，忘记他犯的错误吧，那些其实都不是什么真正的错误。唯有这样，你才能对他充满爱意，才能逐渐变得宽容大度起来。

他只是个孩子

孩子之所以会表现出让你恼火的态度，并不是因为他居心叵测、动机不纯，而只是因为他还是一个孩子：他不是小大人，他仅仅是在以孩子独特的方式行动而已。

不是什么大事

绝大部分情况下，你是由于发生了一些令你不快的事情才会想要改变孩子的态度和行为，比如哄孩子睡觉前要收拾他乱扔的东西，或者清理溅得到处都是的颜料……可是仔细想想，这些事情虽然有点让人头疼，但终归不是什么大事。

我又是怎么做的

我在这一章里应该讲讲自己的事情，我也确实做到了，因为我在本章写到的一切都是我的经验之谈：一部分是我作为心理医生在工作过程中与其他家长和孩子们共同努力总结的经验，另一部分是我作为母亲在女儿成长的过程中总结出来的经验。

如果你还心存疑问的话，让我这样回答你吧：不，我不是一个完美的母亲，我的女儿也不是完美的女儿；但我是世界上最棒的母亲，我的女儿也是世界上最棒的女儿！

第十一章　感同身受：情感同化是最好的沟通术

奥萝尔·萨布罗-塞甘　精神病医生，现为犯罪受害者研究所心理创伤中心的负责人，该中心的主要研究方向为受害者的心理创伤治疗。在奥迪尔·雅各布出版社出版的主要著作为《走出精神打击，重树生活信心》（2001年）。

童年是一切人生经历和学习的摇篮。毫无疑问，童年时期决定着我们的未来和人生取舍。

孩子们总是以自我为中心，对同龄人也不太会进行情感同化：情感同化是我们对他人产生的一种感觉，同时也对人际关系的建立有着一定的影响。奇怪的是，情感同化是在我们经历过痛苦后才形成的。

情感同化是如何产生的

我的祖母在"二战"期间德国轰炸巴黎时失去了一个儿子。我总能看到他的照片，照片里，年轻的他站在客厅的小柜子前面，手里捧着一束假花。记忆中，我觉得祖母把我当成了她的孩子，而这就足够让她感到幸福的了。直到有了自己的孩子，我才开始理解她的痛苦，并能够想象她的感受：我最终对她产生了情感同化，而不再局限于那种孩童般的自私的爱。为人母之后，我才终于可以与她分享这种经历，也能够设身处地地为她着想，并体会和想象她的感受。

痛苦的作用

痛苦确实是学会同情他人的一种手段。经历痛苦，仔细体味痛苦所引起的感受，观察自己痛苦的结果对他人的影响，这一切让我们可以理解他人遭受的痛苦，无论引起痛苦的原因是什么。

我在童年时期备受煎熬——至少我是这么认为的。当我深爱的人离开我时，我觉得非常难过，那是一种痛失所爱的感觉，并不是说这个人离世了，他只是搬走了而已。当然了，今天看来，这些所谓的痛失与离弃其实只是生活中再正常不过的事情。但对于当时还是个孩子的我来说，这种事情每发生一次，我都会产生强烈的情绪波动：悲伤感、被抛弃感以及愤怒。记忆中第一件让我感到伤心和痛苦的事，就是弟弟把我的娃娃扔到了地上，一根手指（当然是娃娃的手指）摔断了。它再也不像以前那样漂亮了，我很伤心，而弟弟却哈哈大笑。

几年以后，我们搬了家，从巴黎市区的一间小公寓搬到了郊区的一栋房子里。我不得不同我最好的朋友道别，而她却似乎对这种分别并不感到十分"恐惧"。我现在仍然记得那阵子我做了好几个月的噩梦。她没能分享我的感受，而我给她写信她也从来不回，当时我真是太痛苦了。我们俩结束了，她已经把我给忘了。她的名字叫西尔维·卡尔庞捷，我还记得她曾经把自己收藏的"绿色丛书"[①]中的几本借给我看。

又过了几年，祖母抛弃了我：她搬到了法国西南部。我哭得昏天黑地，求她不要走，可她还是和祖父一起离开了。我记得，当我深爱的祖母说她觉得离开是一件特别正常的事情时，我感到既震惊又失望，因为我觉得离开就意味着抛弃。我很痛苦地注意到，她为

[①] 1923 年由阿谢特出版社出版的一套针对青少年的丛书。

自己退休后要住进小房子里这件事感到非常开心,也对我的绝望感到十分不解。

我当时并未真正地站在她们的角度去想。像所有的孩子一样,我的注意力全部集中在自己和自己的情绪而非他人的感受上面。但人总会慢慢长大,长大以后,会学着换位思考,学着理解他人,去爱他们,并愉快地与他们建立良好的人际关系。于是我终于明白,我完全可以忘记当年那位最好的死党,与别人建立友谊,也明白了距离并不能切断感情和我与祖母之间那条爱的纽带。

战胜痛苦

想要学会建立人际关系,并体会与他人共同经历或因他人而经历的痛苦,首先就需要一种情感上的安全环境(我的父母一直陪伴着我)以及一张内部成员之间虽有矛盾但还算密集的关系网(我身边有不少叔叔、姨妈以及比我大不了多少的表哥表姐)。大概正是因为有这样的背景,我才能够以一种平和的方式学会调整自己的情绪,其强度说到底也完全可以接受(尽管当时的我并不这样想)。当年这些发生在日常生活中的痛苦的事情使我很快就能理解他人在遇到困难或痛苦的情形时的感受。情感同化的能力便是这样产生的,表现为体会、理解并分享他人所表达的感受(如痛苦、失落、耻辱、幸福等)。

儿时的经历使我产生了探究自己及身边好友的情绪模式并借此减弱某些情感冲击力的欲望。我想也正因为如此,我才产生了成为一名心理医生的愿望,同时也具备了相应的能力。

我经常能够听到有人引用尼采的一句话:"杀不死我的,使我更坚强。"诚然,痛苦是一种能够使我们成长的感觉,但前提必须是这种痛苦在我们能够承受的范围之内。它教会我们辨识善恶,超越自我,大步前进。只要经受住痛苦的打击并进一步战胜它,那种感觉就会给予我们力量,我们也因此能够在以后的日子中理解并分享他人的痛苦和情绪。另外，当他人无法表达自己的感受时，我们也能找到合适的词语，并勇敢地将它们表达出来。这便是情感同化。

理解，并与他人分享

在我一位患者的画展开幕式上，我正在欣赏一幅作品时，旁边一名戴着一顶漂亮帽子的男士开始与我交谈。一开始，对话自然是由一些平淡无奇的话题展开的，很快，我们发现彼此从事的是同一职业——精神病医生，于是话题很快从普通的老生常谈变成了职业的老生常谈。对话的内容围绕着我们各自的兴趣所在，我便谈起了自己感兴趣和熟悉的话题，尤其是精神创伤和强奸问题。他饶有兴味地听我讲完后，带着一脸老成的神态，用一种似乎完全听懂个中含义的口吻说道："你非常熟悉你所感兴趣的话题，看得出来，你对这些问题很上心。但是你是否曾经真正把自己想象成是乱伦或者强奸事件的受害者呢？"我听后感到异常愤怒和尴尬。难道非要亲身经历过某个创伤性事件才能理解它并对它产生兴趣吗？我可不这么认为。

我在本章开头提到过，在安全感的保障下，由一件在我们承受范围内的事情引发的痛苦对我们的性格培养是有建设性意义的。我就生活在一个大家庭里，家庭成员之间总能互相照应，因此我是十分幸运的。如果一个叔叔把我弄哭了，另外一个叔叔或者姨妈就会过来哄我；当时正年轻的父母如果沉迷于自己的青春时光而疏于照顾我，那么祖父母便会接管我。我的家庭里总会有人保护我免遭厄运的侵扰，我一直是这样认为的。这种信念就像一名心理医生那样有效地帮助我成长。同时，它也是我帮助患者的一种力量来源。

情感同化是一种理解并与他人分享感觉的能力，是心理医生必须具备的一种素质，这种能力让我们可以更好地利用社交关系和人际间的互动，从而保护自己免受侵害。如果你能够准确地预测到对方的行为和需要，你就会在与对方的关系中感到更加放松和自如。抓住对方言语中的重点，并与他人处于同一层次进行交流，这种能力可以强化情感同化的效果，也是理解他人、与他人建立亲密关系并进行人际交往这一人类的基本生存之道的前提。

从大脑的生理层面看情感同化

在塔尼亚·桑热看来，情感同化是感知疼痛的一种能力。在一项由数名志愿者参与的研究中，桑热和她的团队发现，情感同化会激活大脑中某些负责感知疼痛的区域。如果你握住一把滚烫的勺子，你的手便会产生灼热的感觉，这种感觉通过神经的传导直达大脑中的温度接收区域，再传回到你的手上。大脑的某些区域负责理解体感和其强度，另外一些区域则负责定位伤口或探测疼痛带来的不适感，以及是否达到无法忍受的程度。因此，你对痛苦的程度和强度的判断也会根据情况的不同而不同。

不同情况下的不同反应

如果你遭遇了一场严重的事故，身体的求生系统会全神贯注于分析当时的情形，并为你找到摆脱该情形的最佳策略，以至于你连当下伤口带来的疼痛都无法感知到。但是，如果你发现你接触过的孩子身上有虱子的话，你会觉得身上瘙痒难忍，并用力地抓头皮。因此，你的体感和行为是会根据不同情况而改变的。

学者们根据研究发现，情感同化和疼痛一起激活人的大脑中的同一区域，即前脑岛与前扣带皮层。如果你的一名近亲感到强烈的疼痛，当你看到他时，你大脑中负责感知疼痛的区域会马上被激活！你就会对对方的痛苦产生情感同化。但是，如果是你自己感到疼痛，大脑中所有的区域都会被激活。学者们是通过对大脑进行扫描（核磁共振成像）来得到这一研究成果的。女性相比之下会产生更强烈的情感同化：如果让她们的某位近亲假装被胡蜂蜇到，再向她们展示被蜇部位的图片，她们大脑中负责感知疼痛的区域相比男性来说，会表现出更加剧烈的活动。即便研究对象没有看到受害者的面孔，也能产生情感同化。另外，如果我们体会过与其他人相似的感觉或经历过相似的情形，那么（依据塔尼亚·桑热的理论来看）我们会产生更加强烈的情感同化。

在镜像神经元被发现二十多年后的今天，我们已经有证据表明，大脑中一种维持人类情感同化能力的神经网状结构使我们能够与他人产生情感方面的共鸣。学者们还向我们证明，当研究对象看到某种情绪时，大脑会进行自我调整，产生同样的情绪。因此，我们能够根据不同的环境背景、人际关系和观察结果来自动调整情感同化的强度。

分享、理解他人和建立良好的人际关系

理解同类的情感表现是社会生活的基石。它能够让我们以一种高效且愉悦的方式与他人进行交流与互动，也能够帮我们预测他人的意图和行动。我们表达情绪时所使用的肢体语言可以让他人理解我们的感受，比如，发生了一件令我们不愉快的事情，我们的面部表情与手势会马上向谈话对象传达一种情绪信息（厌恶、悲伤、震惊等），以便对方及时调整自己的行为。如果对方的存在使我们感到愉悦，我们的面部会呈现出满意或快乐的表情，即便没有说话，对方通常也能明白我们的感受，从而也会在当时的情形下感到自在并愿意继续与我们交谈下去。

可以看出，情感同化是社交生活中一项相当重要的能力（动物也

会进行情感同化,这让它们能够建立起相对复杂的社会关系)。这一优秀品质帮助我们分辨自己的行为引起了他人的哪些反应(如痛苦、悲伤、愤怒等),从而及时调整自己的行为以中止对方的痛苦。这样一种分享他人情绪的能力使我们更好地理解彼此的行为,并改善与他人的社会关系。

情感同化、同情心、情绪传染……

广义的情感同化还包含以下几点:模仿、情绪传染、同情心以及怜悯。它们的表现各自不同,却紧密相关,互相影响,并且通常会同时出现。

模仿与情绪传染有很大区别。模仿是个体主动将自己的情感、声音以及肢体的表达与他人进行同步,它是人类年轻时最主要的一种学习方式。模仿是情感同化现象中强度可能相对较弱的一种情况。不少学者向研究对象展示各种面部表情的模拟图片,以观察他们的情绪反应,而模仿的作用便是这些研究的成果。研究表明,个体在看到他人的面部表情(如微笑、皱眉等)后会表达出与之对应的情绪来。因此,模仿能够让我们在人际关系中做出适当的行为并理解对方(参见松比·博尔斯特罗姆于2002年进行的一项研究)。

情绪传染与情感同化有些相似,却又有着明显的不同:婴儿听到其他婴儿的哭声时也会跟着哭,成年人在听到他人大笑时自己也会跟着笑……在塔尼亚·桑热看来,这种现象与自我及他人的意识有关,与区分自身需求与他人需求的能力有关,与辨别情绪是来自本身还是他人的能力也有关。

另外,分清情感同化与同情心或怜悯——人际关系中的其他因素——也是十分重要的。情感同化是你理解他人感受后产生的结果,而同情心或怜悯则并非是双方都要同时产生的一种感觉。例如,一个人感到悲伤，使另一个人也感到悲伤，这便是情感同化；而如果一个人对对方的悲伤感到同情，则是怜悯的结果；如果一个人发现另一个人对自己产生了嫉妒情绪，那么他自己是不太会嫉妒自己的，而是会对嫉妒的一方产生同情心或怜悯。

同情心与情感同化之间的这一区别非常关键。情感同化在于分享他人的感觉，而同情心或怜悯则是个体针对对方的反应做出的感觉上的调整，它是情感同化的第二个阶段。

另外，我们发现，情感同化还能提高他人在交流中的舒适感，类似于利他主义心理。然而，情感同化与利他主义的动机并不一定相同。例如，警察可以利用情感同化来引起犯罪嫌疑人的沮丧感与负罪感，从而获取情报或供词。拷问者也可以利用自己情感同化的能力来加重拷问对象的痛苦。因此，情感同化并非只能作用于积极或利他的情感。

不管怎样，在社会生活中，想要将分享、对他人感受的关心以及建立人际关系的动机这三者有机结合起来的话，情感同化被认为是个关键步骤。

情感同化：必须与他人有同样的经历吗

四年前，我的哥哥意外地患上了癌症，几个月后就去世了。全家人都感觉天塌下来了，因为我们从没有经历过如此强烈的死亡打击。（其实还是有过的，我的父亲在十一岁那年得知了自己哥哥的死讯，当时我的父亲并没有和家人在一起，因为之前他和一大群来自巴黎的孩子一起被送到了外省的一户人家。他在那个位于克勒兹河畔的封闭农场里待了一年，有一天，一个穿黑衣的人找到我的父亲，并告诉他，他的哥哥——就是祖母客厅里照片上的年轻人——在德国对巴黎的轰炸中身亡了。）我对安全感和永生的信念在我的哥哥去世后荡然无存。

哥哥去世后的第二年，一位女士来找我进行心理咨询，因为她听说我十分善于倾听，并且能够帮助那些有过噩梦般经历的人。"不过您可能会觉得我的经历没有别人那么糟，所以不愿意在我身上耽误时间……"我集中起注意力，并"启动"我的情感同化能力。我感到自己已经进入职业状态了，开始认真倾听她的故事。可渐渐地，我感到自己在一点点崩溃，浑身冰凉：她向我讲述她女儿的病情，说到了医生、医院，还有女儿的去世。她的女儿和我的哥哥有着同样的疾患、同样的病程、看了同样的医生……以及同样的死亡结果。我再也听不下去了，千方百计地想要逃避这次咨询。我中止了我的情感同化、同情心、怜悯以及所有的一切，生怕痛苦的情绪涌上来把我彻底淹没。

谈话结束时，她热情地向我道谢，这次咨询让她感觉好多了，她希望下周还能再来一次。我要如何拒绝她呢？我不知道，所以我只好跟她约定下一次的时间。后来，随着咨询次数的增加，我的情绪开始和她一起平复了下来，我和她一起慢慢走出了痛失亲人的阴影。我们谈论着死亡，更确切地说，是我让她谈论她女儿的死亡，当时的情形以及她的感受，同时，我也在脑海中和她做着同样的事情。我对自己默默重复着对她说的那些话，这也让我感觉好多了，因为我终于能够正视起自己的困难。我从未向她透露我的痛苦，她不知道我也和她有过同样的经历。这不是同情心的问题，她也不是为博取同情而来的。这是一种情绪的分享，通过"两个大脑的情感同化"，以一种非语言的形式来实现，她也因此找到了被人理解和倾听的感觉。

随着时间的推移，我们会在治疗中感到越来越放松，越来越能够谈起他人的任何经历与感受，同时焦虑感也会越来越弱，因为我们会觉得身上原本背负的沉重事件成功地化解了。这些关于情感同化的经历向我们证明，身临其境会使我们对对方的痛苦感到同情和怜悯，同时也会在情感同化的帮助下理解对方。但是，当然了，心理医生没办法在患者到来之前把所有情况都经历个遍，但还是应该经历过其中一部分的。我们的治疗方法要么源自个人经历，要么源自情感同化来的经历。事实上，"心理医生的招数"中有相当一部分是通过对患者的观察和倾听得来的，情感同化恰好能使我们不用经历患者所经历的苦难就能理解他们的感受。幸运的是，心理医生不必亲自遭遇强奸就可以理解因强奸而产生心理创伤的患者。但是，情感同化首先要求医生体会过并了解生理和心理上的痛苦。

如何获得情感同化的能力

奇怪的是，我们要先体会过痛苦，才能学会情感同化。辨识自己情绪的能力打开了我们辨识他人情绪的大门：看到孩子微笑，我们也会微笑；看到狮子王死去，我们会哭；唱赞美歌时，我们会感到充实而愉悦。这一切都不需要语言来表达。这种能力会从年轻时起，随着生活的继续，在周围的亲友以及生活环境的影响下慢慢形成、改进和调整。这种能力是通过观察来获得的，包括对自己和他人的观察，以及对观察的理解进行证实的过程。

我们可以自我训练出情感同化的能力，但无法训练出情绪，因为情绪是我们的感觉，它是在我们进行理解和分析工作之前就产生了的。

将情感同化移植到他人身上

H女士来找我寻求帮助。没有人能理解她，大家都指责她没有做该做的事情。她刚刚和虐待孩子的丈夫办理了离婚手续，但是她觉得心理医生们和法官都怀疑或者指责她没有做该做的事情。她不知道到底该做些什么，也不知道该怎么让人理解她。事实上，在咨询的过程中，我一直在克制着自己的反感：她从来不笑，一脸拒人于千里之外的表情，身体僵直着，言谈中使用的都是否定句，处处为自己辩解，而且不让自己流露出任何情绪。那么接下来的治疗工作便主要致力于让她学会观察自己的手势，学会微笑，学会分辨并表达自己的情绪。她最终与周围的人重新建立了更加热情而正常的关系，并更好地掌握了人际交往中的要点，从而让他人能够更好地理解她，帮助她。

与孩子进行情感同化

儿童并不太了解自己的情绪，他们的情绪有时会大起大落，而且跟当时的情境无关这很正常，没什么大不了，也并不可怕，不过当然不太好处理，也有些令人难以承受。

今年夏天的一天，我在爱抚我的小孙子时，发现他眼里满是泪水。我问他怎么了，他用一种绝望的语气答道："我的假期过得特别不开心。"我的脑海中马上浮现出各种疑问：他可能不喜欢我了，或者他身上发生了什么严重的事而周围的人却不知情，再或者他看到或得知了一些我不知道的事情。接着我又马上开始回忆：今天我至少给他买了三个冰激凌，他和表哥表姐们在泳池里玩了一整天，我们每晚都会打扑克牌，刚刚他还和他的母亲一起哈哈大笑来着……我平复了一下自己的情绪，然后问他发生了什么以及他的感受。"今天晚上玩扑克牌的时间不够长。"这个回答使我感到十分好奇，但是我没有打断他，让他继续说，"我觉得很无聊，没有人陪我玩。"

他的情绪十分强烈而明显，并且占据了他的全部意识，使他无法跳出自己的思维。其实只要提醒他回忆一下之前几天都做了什么，以及明天会有什么样的安排，就足以使他重新露出微笑，然后安心入睡。

成年人很容易忽略孩子的世界可能会是多么痛苦和艰难。情绪对孩子来说本身就是一种考验，孩子必须了解自己的情绪，接受它，驯化它，习惯它，不要对它有所恐惧。为了做到这一点，孩子们需要感受到父母所表现出的平静、自信和令孩子安心的情绪。

　　亲身经历对心理医生来说可能是必不可少的。也许，我们必须身临其境后才能去倾听、理解并帮助处在痛苦之中的人。

　　尤为重要的一点是，我们要时刻掌握自己的情绪以及关于这些情绪的记忆。

第四部分

本自具足，无须外求

外在的物质、地位和他人的评价往往是不稳定和不可持续的。期望从外部世界来满足自己的需求、寻求认可或寻找幸福的答案，会将你导向失衡的状态。我们生来就拥有足够的智慧、力量和爱，具备实现自我价值和追求幸福的一切潜能。我们生来就具备应对生活中各种挑战和机遇的能力。专注于挖掘和发挥自身的内在资源。我们会更加相信自己的直觉和判断力，摆脱对外部条件的过度依赖，从内心深处迸发新的动力和勇气。

第十二章　我是如何调节工作中的紧张情绪的

多米尼克·赛尔旺　精神病医生，里尔大学校立医院紧张与焦虑科主任，法国焦虑症与抑郁症协会（AFTAD）元老，全法最优秀的紧张与焦虑情绪专家之一。在奥迪尔·雅各布出版社出版的主要著作有《自我治疗紧张与焦虑问题》（2003年）、《焦虑的儿童与青少年：如何帮助他们快乐成长》（2005年）、《放松疗法与冥想训练：平衡自己的情绪》（2007年）、《不再为工作所累》（2010年）。

"大夫，您是怎么做的呢？您看上去是那么平静，难道您从来都没有紧张过吗？"好几个患者都曾向我提过这个问题。他们并不知道，我和所有人一样，在工作中也会有感到紧张的时候。我也会焦虑，但我会试着用我推荐给患者的方法进行自我调整，当然，我也会努力不在患者面前表现出焦虑的情绪来，因为天下最糟糕的事情莫过于被自己的心理医生搞得更焦虑了！

大家都会有紧张的时候，我也不例外

几乎所有人都体验过紧张的情绪，尤其是在工作中，这也成为如今患者前来咨询的最热门问题之一。紧张的原因有很多种，常见的几种分别是工作节奏的加快、感恩意识的缺失、工作压力的增大以及难以协调的人际关系。当然，我也碰到过一些对引起紧张情绪的事件有着惊人处理能力的人。

一位患者曾对我说起,一天晚上,她的老板给她打电话,让她第二天组织一次临时会议,之后在半夜一点又给她打了一次电话,问她是否联系了所有的与会人员以及他们是否都能到会。接下来他又在后半夜给她打了四个电话,直到完全确认会议的各个方面都已准备就绪。"我并没有生气,我知道这只是他的工作方式而已,可是这并不能改变什么,就算他不打电话,一切也都在中午时就绪了。"她这样说道。听了她的话,我暗想:"她是怎么做到的?换作是我的话,我可不知道该怎么忍受这样的老板。"

我曾尝试过的对抗紧张情绪的好方法

克制住自己的冲动,尤其当你能够清楚地意识到完全没必要给自己施加这种压力的时候。

一天结束后,总结一下这一天当中自己做过的具有积极意义的、有用的或者有意思的事情,一两件小事就可以。

工作中间要休息几次,哪怕几分钟也行,当作是给自己充电。

八小时之外就不要再想工作的事情了,给自己,也给亲友留些时间。

我并不是总能完美地调控自己的紧张情绪,但我总会通过身心两方面的锻炼来避免传说中的burn-out(筋疲力尽),我也成功地做到了这一点。首先,要小心各种胡思乱想、对工作的不满或者怀疑,因为一旦放松警惕,它们就会在我们的脑中蔓延开来。值得注意的是,紧张情绪可直接导致劳累过度、疲惫感的产生以及工作动力的丧失,如果我们想在工作中保持身心平衡,这些便是我们最大的敌人。我们要做到张弛有度，随时保持警惕。不过遗憾的是，紧张情绪有时是由工作本身和我们的上司带来的，我们对此通常无能为力，只能尽力让自己度过这段紧张时期。

我也常对自己说，在工作中感到些许紧张和焦虑对我来说是有好处的。我的前人一定说过这样的话："事非经过不知难。"

我记得在学医期间，一位具有高度人道主义精神又不乏幽默的教授曾对自己的学生们说道："我们这个专业唯一无法提供的一种实习就是'生病'的实习。这真是太可惜了，因为你们当中的某些人可以从生病的经历中学到很多东西。"治疗其实也是一种分享，一种理解，一种既与患者产生情感共鸣，同时又时刻注意保持一定距离的状态。

最让我紧张的是什么

和大家一样，长久以来，我每天在工作中都会遭遇紧张情绪。我曾经历过困难时期，将来也必然还会遇到类似情况。我总会直接或间接地向在工作中受到紧张情绪困扰而前来进行咨询的患者提出这样一个问题（我以前也问过自己同样的问题）：真正让你感到紧张的是什么？你对此该做何反应？在此，我向各位读者阐述一下我自己的一些思考以及几个有趣的小故事。

我是不是工作得太辛苦了

我一直很喜欢工作。工作使我安心，使我放松，而且很幸运的是，我找到了一份自己热爱的工作。我从不对自己的工作感到厌烦，因为它既为我带来了许多与人交流的机会，又能让我在一周内完成各种不同类型的任务：我要接受患者的问诊，要去学校里讲课，要参加各种培训、讲座以及会议，还要抽出一点时间来撰写文章和书稿，我每天都过得很充实。要是我少做些事情呢？假如我完成了自己所有的工作，接下来我该做什么呢？我想我一定会很怀念工作的那段时光。

但是我不希望工作成为一种解决心理问题的手段。我们每个人都对自己的职业有所期待，诚然，工作使我们得到别人的认可，并带给了我们巨大的成就感，但是这并不能成为我们不由自主地拼命工作的理由。其实，对工作的热爱和依赖只有一线之隔。我知道工作是我生活中十分重要的一部分，但我从来不是人们常说的"工作狂"，即那种一心扑在工作上，别的什么都不做的人。我不断提醒自己：工作并不是我的全部。当我感到工作使我失去做其他事的兴趣，并让我感到疲惫厌烦时，或者当我发现自己没有时间陪伴亲友时，我就会适当减少自己的工作量，放慢工作节奏。感谢各位读者给了我一次提醒自己的机会。

我是否为时间所累

如今，人们的生活节奏越来越快，工作量也随之越来越大，我也不例外。我总有各种各样的事情要做，经常感到时间不够用。无论是在工作中，还是在生活中，我总是没有足够的时间去做我认为真正重要的事情。

越积越多的邮件，新的生活需求，还有不少各种紧急申请……同所有人一样，我也经受着高科技带来的负面影响。我刚刚开始在医院工作时，写一封信要花费很长时间：先找人把信写出来，然后交到秘书处打出来，检查一遍，进行必要的修改，最后再签字。而今天，一眨眼的工夫就能发一封电子邮件。查阅资料也是如此，这可给我的写作和研究工作帮了大忙。我记得我还是主治医师的时候，每周都要在图书馆待上半天时间，只为把我需要的参考资料誊写下来。在图书馆预订几篇报刊上的文章，有时要半个月以后才能寄到我家。现在有了互联网，我几乎马上就能找到自己需要的资料。

高科技虽然为我们的工作带来了便利，却也会让我们把时间浪费在不必要的事情上面。我不得不提醒自己，别太频繁地查看自己的电子邮箱，或者有患者来咨询的时候应该关上手机（很抱歉我经常忘记这一点，但幸好我的手机不常响起）。看邮箱、不关手机等已经变成了我们的生活常态，使我们觉得自己一直在忙，总也闲不下来，可事实上这只是一种逃避，而且还不一定有效。我们越来越难控制自己的日程安排，并正在轰轰烈烈地奔入行动主义的大潮之中。比如撰写本章时，我就已经在构思下一部作品了。说实话，我确实应该注意不要因这种生活节奏过快而忘记最重要的东西，即现时的生活。

我是否在工作中受过欺负

几年前，我曾被当时的上司冷落，而在此之前他一直很支持我的工作。这与现今职场上的不公正待遇不同，那次的经历让我更加理解了什么叫"打入冷宫"。

当时，我不得不从那间敞亮的大办公室搬到一个小了三分之二的房间里，老实说，那个房间会给人一种十分压抑的感觉，而且处在一个很不起眼的角落里。在一次汇报工作计划的会议上，我被忘在一边，完全没有人过问我的工作计划。他们只是对我重复了之前的结论，说关于焦虑情绪的研究只是一时盛行而已，很快就会落伍，因此我的研究计划并不是当务之急。于是我再也无法继续我的研究，而与我在同一小组工作的同事也都被迫换了岗位。

我如何对抗冷遇带给我的紧张情绪

我并非一无是处

我的工作是完全合情合理的。我的课题得不到认可，显得毫无价值，因而别人看我的眼神就像我做了什么坏事似的，可事实上我并没有做错什么事情。幸运的是，来自部门以外的同僚一直很认可我的研究成果。

我不会封闭自我

我向另一部门的一位精神病学教授——同时也是我的朋友——吐露了自己的感受，因此得到了不少来自外界的倾听与支持，其中有一名部门主任，他将我调到他的部门，后来我在他那里开心地工作了很多年。如果当初没有这种支持，就不会有人知道并理解我的问题。

自己的去留，自己做主

那段日子是我最纠结要不要离开医院、发展事业的时期。我得承认，当年我已经去另一家单位考察过，并且还为发展自由职业做好了规划。犹豫不决之际，我问了自己这样一个问题：我最喜欢的到底是什么？在我看来，到底什么样的地方才能让我最大限度地发挥自己的作用？于是我又在医院的岗位上坚持了一阵子，并最终确信自己愿意也应该留在医院。直到今天我对此仍然无怨无悔。

我从外部寻找解压的出路

在当年那种情形下，我重新开始和孩子们一起进行大量的运动，还听了不少音乐……

事实上，当时并没有人故意和我作对，但是的确有人说过："他应该离开这个部门。"在这种情况下，最让人难过的是，你无法为自己辩解，只能眼睁睁地看着自己被人推出门外。

那段日子并不好受，我记得自己不得不使用上述几种方法来对抗当时的紧张情绪。

"坏事总能变好事。"能这么想并不容易，不过我当年确实前所未有地卖力工作，而且享受到了亲友们对我的支持……我试着为自己这种处境寻找某种积极的意义，随后意识到同事们并不是在故意和我作对，那我又何必将自己孤立起来？何必冷漠对待周围的人呢？那样只会让情况更糟糕。

我是否吸收了患者所有的焦虑情绪

我给予患者的倾听可能要比给予亲友的更多。患者来问诊时，会向我倾诉他们的焦虑和苦恼。有时，他们中有些人很难完全袒露自己的情绪，还有些人为自己一时失控发了脾气或者哭了起来而向我道歉。这时我会对他们说，我完全理解他们，我知道苦恼是一种什么样的感觉，而且听他们倾诉也正是我的职责所在。

分享别人的困难是心理医生及其他医护人员的压力来源之一，更何况我们的职责范围本身就为我们设下很多限制。我曾经有一位身患癌症的患者，她在去世之前总会定期来找我进行心理咨询。她对我说，如果不是因为得了癌症，她就不会找到我。而每次咨询对她来说都十分重要，因为我们的见面带给了她安慰和鼓励，并且让她发现了生活的乐趣。然而有时我并不觉得自己真的帮上了忙，面对她带来的坏消息和她对生活的怀疑，我经常不知道该说些什么，于是我只是听她倾诉。在她去世以后，我收到一封她丈夫寄来的信，后者在信中说，我与她的会面对她来说是一种极大的帮助，她很欣赏我，在她生命的最后一段时间里我给了她很多很多，她的丈夫想让我知道这一切。这一次，是她的丈夫写的这封信以及她向我传达的感情将我从患者的焦虑情绪中解放了出来，这也许就是所谓的情感同化，即单纯地分享他人的情绪，而不去试图用毫无效果的话语来逃避对方倾诉给我们的痛苦。不懂倾诉和分享情绪的人是无法从事我们这种职业的。我们在吸收患者焦虑情绪的同时，也从他们身上学到了许多东西。

虽然患者主要是来找我倾吐他们的焦虑情绪，但他们中有很多人也会告诉我一些具有积极意义的事情。这些人有时心情不错,会哈哈大笑,并把生活中遇到的趣事说给我听,而这些趣事恰好能调和他们的负面情绪。我曾有过一位十分幽默的患者,我不得不承认,当她就生活中各种倒霉的小事进行自嘲时,我总是很难保持一脸的严肃。有一次,她对我说:"我把您逗乐了,大夫,我很满意。"

也正是出于这个原因,心理医生应在咨询的过程中多讲一些令人开心的事情,我也经常试着努力将患者的消极情绪转化成积极情绪。另外,出于同样的原因,心理医生在一天里不应接待太多的患者,其他职业也是一样,有时你一天只能接待一位"客户":想要为每个客户提供高质量的服务,就要限制客户的数量。

保持一定距离

有些患者会通过他们的态度和语言来向医生表达自己的焦虑情绪,他们听不进医生说的话,因为他们完全沉浸在自己的焦虑和担心之中。对于心理医生来说,这时应该采取何种态度呢?分享患者的情绪并与他们保持一定的距离即可。

我如何在工作中获得快乐

我还是要重申一下,我曾经并且现在也十分热爱自己的工作,因此,在这里,我还想告诉各位读者是什么样的积极价值使我能继续在工作中获得快乐。我是个特别幸运的人,能够在舒心的环境中与我所敬重和欣赏的人共事。我的团队合作十分紧密,每个人都懂得如何协调与他人之间的工作关系和友情。当你听到同事们在走廊里大笑时,当他们对你微笑、向你打招呼时,当幽默感在你们之间传播时,实际上也是在为你的工作赋予某种意义。

我是如何成为精神病医生的

成为精神病医生并不是我儿时的梦想,是我人生的每一个阶段的互相作用,渐渐地将我引上了这条路的。我在学医的时候并没有选择精神病学方向,甚至都不知道这到底是怎样一门学科。我在成为医生以后才将这个与其他医学学科截然不同的专业作为我的第二选择。仅靠书本和临床是无法学透精神病学的,还要经常观察身边的人,并保持一种好奇和开放的心态。精神病学同时以自然主义和理性两种视角看待我们生活的世界,而且正是它的人文特性吸引了我。也正是出于这一点,我选择了紧张与焦虑情绪作为我的研究课题。会不会是因为我自己本身就太容易紧张和焦虑,以至于要靠研究他人的问题来缓解自己的情绪?我不知道,但是,我可以明确地说,我感兴趣的是他人的生活,也很喜欢倾听他人的诉说,分享他人内心深处的秘密。紧张和焦虑情绪可以反映一个人真实的一面,包括他的心理和他的经历。心理疗法是我选择的第三个医学分支,我希望能够动员并指引每一名患者找到治愈心理疾病或者解决心理问题的良方。它不仅仅能治疗,更能帮助他人理解、行动、改变自己的视角和人生观。这便是我认为的心理疗法最重要的作用所在。

我知道,做一名心理医生或许已经是一种特权了,而我最担心的便是不能继续从事这一我所热爱的职业了,也正因为如此,我一直努力给予患者最大程度的帮助。

有些人觉得精神病医生一天到晚泡在学术研究里,分析着身边人的每一个微小的行为或动作。这可真是大错特错,精神病医生也懂得欣赏生命中最简单的事物,也会与现实世界保持步调一致。我认识一个心理医生,他甚至利用业余时间考取了水暖工职业资格证书。

很可惜,我并没能掌握这些在日常生活中非常实用的手工技能,我的业余爱好是收集落叶，修剪篱笆墙，以及粉刷房子的外墙和阳台。这些活动可能看上去只是重复性劳动而已，但它们能够放松我的身心，让我感到自己正在做一些看得见摸得着的事情。我想，正是这些小小的活动使我在热爱工作的同时不失与现实世界的联系。

我的三个重要建议

努力渡过难关

我们每个人几乎都经历过这样那样的艰难时刻，它可能是在丢掉或者快要丢掉工作时与人发生的冲突，也可能是我们在工作中付出巨大努力换来的失败。通常情况下，我们既要努力摆脱内心产生的这种不公平感，又要勇于面对眼下的境况，并从外部寻找办法来放松自己，最好能做到自我解脱，重新来过。这个世上有太多的人就此沉沦，深受痛苦的煎熬，而我们应该学会未雨绸缪。

传递正能量

有些人会将自己的紧张情绪传染给他人。为什么不能在工作中做到与人交流、互相尊敬、互相重视呢？我们应该提高自己认可他人工作成果以及化解同事之间矛盾的能力。

找到属于自己的路

对于工作，我们每个人都有着不同的价值观和期待。无论我们从事什么样的工作，都应该在其中找到自我发展的道路。在某些工作中，我们要同时具有变通和预见的能力，因为这类工作如果要干上一辈子的话，很快就会失去其最初的趣味。有些职业很清闲，有些则很忙碌；有些需要独立完成，有些则需要不断与他人进行交流；有些在办公室内进行，有些则在户外进行。无论如何，最关键的一点是，我们越向着自己的期待努力，就越能在工作中实现自我成长。

第十三章　积极应对来自别人的否定

雅克·范利亚艾尔　心理学博士，鲁汶大学名誉教授。曾践行弗洛伊德的精神分析学理论长达十几年时间，随后改投认知行为疗法方向。主要著作有《精神分析的幻想》（1981年）和《自我管理》（1992年），以及《日常心理学》（2003年）。

"你是否曾会思考并操纵自己的生活？那么你便是做了这世上最辛苦的工作。"

——蒙田，《蒙田随笔全集》，第三部

1962年，我在填报大学志愿时，觉得心理学是一门很有前途的学科。我曾怀着满腔的热情阅读了斯蒂芬·茨威格的《精神疗法》[1]，并为其中描写的人类精神世界的伟大力量所深深折服，而皮埃尔·达克的《现代心理学的巨大胜利》更加深了我对心理学的信念。于是我选择了心理学专业，渴望将来能成为一名心理医生。

大二时，为了着手进行弗洛伊德式教学理论的研究，我求助于比利时精神分析学会（国际精神分析协会成员组织）。而学会会长答复我说，我必须先拿到毕业文凭才能进行这项研究。第二年，我从一位大学教授口中得知他要和另外四名精神分析学家一同成立比利时精神分析学派，该学派从属于雅克·拉康刚刚成立的巴黎弗洛伊

---

[1] 斯蒂芬·茨威格与弗洛伊德是好友，《精神疗法》是茨威格为后者写的传记。

德学派。比起安娜·弗洛伊德的协会[①]来，拉康学派的协会没有那么多的"条条框框"[②]，向社会各个人群敞开大门，从心理学专业的学生到哲学家和神学家都可以加入该协会。因此我得以于大三那一年在温弗里德·胡伯的带领下开始进行我的教学理论研究，而胡伯先生当年则是在巴黎通过朱丽叶·法韦-布托尼耶的指导完成自己这方面的研究的。

1968年，我对弗洛伊德学说的信仰发生了第一次严重的动摇。我在内梅亨大学（荷兰）临床心理学系做了六个月的助教，在当时的荷兰，精神分析学已被视为一种过时的心理学分支，弗洛伊德学说在科学方面（弗洛伊德将自己的观察结果进行了过分地普遍化）、政治方面（精神分析学说被认为是一种"资产阶级意识形态"，"主观化"了人类的所有问题），尤其是临床方面（其他心理疗法的效果并不比精神分析法要差，而且成本要低得多）遭到了批判。在内梅亨大学，我曾参与过几次针对恐惧症的行为疗法[③]。当时我一直认为，如果不挖掘心理障碍背后被"抑制"的深层含义，只对障碍的表现加以纠正的话，治疗后就会出现"替代性症状"。然而我在参与治疗的过程中却吃惊地发现，恰恰相反，针对恐惧症的行为疗法能够带来一种滚雪球式的积极效果：不但恐惧症的症状消失了，患者还会逐渐找回自信，看上去也更加快乐。

接下来的几次经历继续瓦解着我对弗洛伊德学说的信仰：我目睹了几位著名精神分析学家（针对心理停滞、心理能力退化以及自杀等

[①] 即国际精神分析协会，安娜·弗洛伊德是西格蒙德·弗洛伊德最小的女儿，也是心理学家，曾任国际精神分析协会名誉会长。

[②] 拉康在评价国际精神分析协会时的用词，当时的协会主席是安娜.弗洛伊德。

[③] 校立医院的精神病医生与学校的临床心理学系达成协议：医生将患有恐惧症的患者交由临床心理学系通过行为疗法进行"试验性"治疗。

问题）平庸的治疗效果，而且发现某些精神分析学家自己都无法摆脱吸烟和酗酒的问题，另外，我还阅读了亨利·埃伦伯格的著作，作者在书中揭穿了弗洛伊德精神分析学初始案例——对安娜·欧的治疗的谎言。

不过，埃伦伯格的作品也让我看到了弗洛伊德研究成果的独特之处。无意识过程的存在、口误的真正内涵、性欲的重要性以及其他一些概念并非弗洛伊德首创，而是他从前人和同行那里借鉴过来的。那么弗洛伊德自创理论的价值到底在哪里呢？于是我决定对以上这些概念的相关信息进行汇总，并向马尔加达出版社的科学顾问马克·里歇尔提出要撰写一本名为《关于精神分析的科学与幻想》的书。此后，为了完成博士论文，我通读了《弗洛伊德全集》，并于1972年完成了论文答辩。在阅遍了无数19世纪的文学作品以及20世纪的心理学家与认识论者的著作之后，我得出了与汉斯·艾森克[1]及其他学者同样的结论，即弗洛伊德最引人关注的理论确实不是他首创的，而他自己的新颖理论则均被现代心理学一一驳斥。于是，我那本书的名字改成了《精神分析的幻想》。

经历逆境与他人的否定

我的著作于1981年出版后，差不多所有的精神病学同事和临床心理学医生都和我反目成仇。尽管当时我已经被任命为医学系的教授，却没有人愿意让我开课，学校的管理层交给我的都是行政方面的工作。我当时感到很沮丧。有一天，我和分管行政的校长进行了一次

---

[1] H. Eysenck et G. Wilson, *The Experi-mental Study of Freudian Theories*, Londres, Methuen, 1973.

S. Fisher et R. Greenberg, *The Scientific Credibility of Freud's Theories and Therapy*, New York, Basic Books, 1977.

谈话，他说他了解到我无法与他人进行合作的情况。我回答说，很不幸，我的临床心理学同事们几乎都是弗洛伊德学派的支持者，而我在学校的精神病学和临床心理学专业中是个与众不同的特例，并为此感到很懊恼。校长马上对我说，世界很大，有很多比鲁汶大学更适合我的学校。他的话令我万分震惊。我马上想到了当年伽利略在面对宗教裁判所要求他郑重宣布放弃自己的"歪理邪说"并宣誓忠于教会时的反应。像伽利略一样，我被迫宣称自己十分留恋学校的岗位。我原本以为这位同时也是物理学家的校长是颇具科学精神的，然而当时我并不知道，他与精神病学系的系主任是多年的老友，后者是一名敌视所有不忠于弗洛伊德"教派"之人的精神分析学家。

以他人的榜样鼓励自己积极回应

为了能够积极回应离开学校这个突然而意外的要求，我借鉴了早些年学到的行为疗法。我不能眼睁睁地看着自己滑向怨恨的深渊，于是，一夜未眠后，我努力让自己不要将学校和校长视为一体，毕竟，校长和其他人一样，能力有限，任期有限……生命也有限。在受到了伽利略的启发后，我又想到了斯金纳。快六十岁的时候，他感到自己在哈佛大学心理学系是个不受欢迎的人，于是自立门户，以便能够长期在家办公。我还读过他写的一篇名为《老年自我管理》[1]的文章，他在文章中阐释了如何通过合理安排刺激和强化条件来鼓励自己完成某个行为。我决定采用斯金纳的办法：尽可能地在家办公。

提高自制力

其实上述情况及其他许多情况的关键问题都在于自我管理的能力，即自制力。我在这个问题上下功夫，不光为了解决我个人遇到的

---

[1] *American Psychologist*, 1983, 38, p. 239-244.。

困难。作为一名行为主义心理学者，我深知心理治疗的最终目的并不只是消除障碍，更是为患者提供在面对生活中各种情形时能够自主利用的有效手段。

要深入研究这些手段，最好的途径就是同时使用多种疗法，并将过程记录下来，整理成一本书。因此我又向马克·里歇尔提出要撰写一本名为"自我管理"的书。

斯金纳是最早从科学心理学角度阐释自我管理的人物之一。他在20世纪50年代于哈佛大学教授了一门课，这门课的内容经过整理后以《科学与人类行为》为名出版，其中关于自制力问题的章节在书中占了极大的比重。斯金纳一直强调在解释人类行为时考虑外部偶然因素的必要性，他在书中提出这样一个观点：我们每个人都可以进行自我观察，从过去的经历中汲取教训，体验新的行为，总之，我们都可以反过来对控制着我们的东西加以一定程度的控制。他写道："人类在很大程度上来说是自己命运的主宰。一个人是可以修改自己身上出现的变数的。这种自决能力通常在艺术家、科学家、作家和苦行者身上表现得十分明显，在其他人身上虽然不那么明显，却也是随处可见的。一个人可以通过自制力在多种行动中做出选择，思考抽象的问题，维护健康以及自己在社会中的位置。"[1] 随着科学心理学的进步，这种自制力应能得到更好的发展，并使我们更好地了解自己行为的规律："既然一门关于行为的科学能越来越好地帮助我们清除行为中的各种变数，自制力提高的可能性应该随之大幅度地增加。"

在其1953年出版的作品中，斯金纳使用了"控制"（control）一词。但是"控制"作为日常用语，与"影响"意思相近，很容易引起

---

[1] *Science and Human Behavior*, Macmillan, 1953, p. 228.Trad. *Science et comportement humain*, Paris, In Press, 2005, p. 214.

读者的不解。因此，像其他行为主义心理学家一样，斯金纳自二十世纪七十年代起改用"自我管理"（self-management）一词。

对于斯金纳来说，自我管理并不是一种精神实体（如心灵、意愿或者自律等），而是一整个"操作性"行为的类型。所谓操作性行为，即是可以进行观察、分析并习得的行为。说实话，这样的观察、分析和学习对于外部的观察者来说并不简单，即便对行为人本身来说也绝非易事。斯金纳说得好："任何行为从本质上来讲都是无意识的，行为都是在此前提下被酝酿出来的，并有服务于对自己有积极意义的偶然性事件的倾向，因此行为既不可观察，也不可分析。"[1]对于自我管理来说尤其如此："我们无法意识到促使我们进行自我管理的刺激因素是什么，就像我们无法意识到促使我们倒立的刺激因素是什么一样。"[2]话说回来，我们还是可以分辨并引导某些重要的心理活动的。

博尔赫斯·弗雷德里克·斯金纳（1904—1990）

斯金纳是行为主义心理学史上最伟大的人物，也是最著名的科学心理学研究者之一。他在哈佛大学完成了自己的学业，并成了那里的一名教授。他曾经完成过许多引起巨大反响的实验，而且出版过多部著作。他最主要的贡献之一就是行为的"功能性分析"（或称"实验性分析"）在不同领域的应用。这种分析从四个方面来进行：

1. 行为本身，包括行为的频率、持续时间以及强度；
2. 引发行为的前件（也被称为"刺激辨别"[3]）；

---

[1] *L'Analyse expérimentale du comportement*, Wavre, Mardaga, 1971, p. 322.
[2] *About Behaviorism*, New York, Knopf, 1974. Rééd. Penguin Books, 1988, p. 199.
[3] 刺激辨别发生在被强化的反应之前，它使某种行为得到建立并在当时得到强化，学到的行为得到强化就是刺激辨别的过程。

3. 行为的后果["强化"的后果，它可以"强化"（增加）动物重复某一行为的可能性]；

4. 行动的"强化偶然性"，即行为本身、前件与后果三者之间的具体联系。

斯金纳向人们展示了这一理论对分析个体行为以及集体或代理控制个体的组织（如政府、宗教、教育等）的适用性。出乎人们意料的是，斯金纳并未止步于对老鼠和鸽子行为的观察，从二十世纪五十年代直至去世之前，他把绝大部分时间花在了对"个人问题"（如思想、精神的直观化、注意力的发展以及身份认同等问题）的研究上面。

从二十世纪六十年代起，斯金纳众多学生中的几位陆续将他发明的行为矫正法和自我管理理论发扬光大。

让精神生活丰富起来的几个法则

受到斯金纳作品的启迪，我发展出了如下几种行为，这些行为帮助我从学校里那种"孤立"①的生活状态向我所希望的方向进行了转化。

定期反思自己的价值观和生活目标，这一点尤为重要。在反思的过程中，还要把生活目标具体化为看得见摸得着的行为。例如，当我们十分重视保持身体健康时，最好制定诸如"如非遇到恶劣天气，每天坚持快步行走二十至四十分钟"一类的具体目标，并且把这些"行为性"的目标写在纸上。

---

① 鲁汶大学心理学系在过去的十几年中发生了根本性的变化：占主导地位的弗洛伊德学说下台了，拉康连篇累牍的空话也消失殆尽了，认知行为疗法有了长足的发展，这多亏了皮埃尔·菲利波教授。后来，作者终于得以为学生讲授心理学课程，并与学校里的其他同事开展了卓有成效的合作。

行为分析：与精神分析学的决裂

我们注意到，对行为的观察和分析是完全背离弗洛伊德式研究方法的。弗洛伊德很不屑于对现实的行为进行系统观察，他研究的是无意识的深层含义，以及对事件的记忆和被压抑的幻想。他认为，回忆是人们做出改变的主要条件。显然，现实的行为在很大程度上是系统经历与个体经历的产物，在这一结论上行为心理学家和精神分析学家的观点是一致的，但是前者更注重对现实的行为及其偶然性进行观察和分析。另外，他们还认为，回忆只是做出改变的先决条件而已。不合群行为的出现是数个变量通过系统的作用产生的结果，包括物质背景、人际关系、思维方式、行动方式、机体状态以及行为后果。

在一种行为出现时，我们总会有些受周围环境的"控制"（影响）。然而，我们通常能够给自己换一个环境，或者至少改变一下当前环境的某些要素。我决定尽可能地在一个安静的小港口进行我的工作，并采纳斯金纳的另一项建议：将我的办公室布置得舒适惬意一些。我买了一套高保真音响，这样我就可以在做不太需要集中注意力的工作时欣赏到巴洛克音乐了。这就叫作"通过自由选择的刺激来控制自己的行为"。

斯金纳是程序教学法的先驱之一，这种教学法让我认识到了规划的重要性。如果我们想完成一个需要努力和毅力的行为，通常来说必须要事先对行为的具体步骤进行规划，并确定行为发生时周围的环境。简单的活动就不太需要规划和努力了，这和演奏几个音符是一个道理。但如果我们要演奏的是一首交响曲，那就另当别论了。

我养成了一个习惯，并总是建议我的学生也如法炮制：制定一份时间表（以周为单位），并且只为那些需要我付出一定努力的任务——我称之为"高价值"任务——规划时间安排,包括阅读高深的著作,通过学习来锻炼默记能力,撰写文章等。我发现,时间规划并不适用于制定全天所有时段的活动安排,几乎没有人能适应这种"强迫症式"的时间规划,通常也不会有人采用。我学会了根据事先制定的时间表来完成规划好的任务,并且记录下完成"高价值"任务所花费的时间。这种做法其实是受到了斯金纳的启发:"通过自我监督来了解自己能努力工作到什么程度,这对我来说真是一个重要的启示。因此,在对研究的课题感到厌烦时,以前我总会就此中断工作,现在则可以继续下去。如今我意识到,当初的我其实是养成了一种娇惯自己的坏毛病。"[1]

而斯金纳的另一段评论则对我规划"高价值"任务起到了指导作用:无论情绪如何,一到规定开始的时间,就要强迫自己去执行任务;而到了规定结束的时间,也一定要马上停下来,以免产生厌倦感,即如斯金纳所说,对该项活动的兴趣发生"减退"。

"行为的后果造就了行为。"斯金纳一生都在强调这一理论。这条日常生活中的法则,我们理解得越透彻,就越能更好地进行自我管理。想要刺激自己去完成某个行为,首先要做的就是列出完成行为的积极结果和未完成行为的消极结果。接下来就要时刻将这两种结果放在心上,把它们印在脑子里,并且在各种场合对自己默默重复。我们口中的"意愿"的力量说到底就是一个关于将自己的注意力引向何方的问题。

自我管理的问题每天都会出现。尽管不曾意识到,但每时每刻我们都面临着这样一种选择:去完成一个当前或者在短期内令我们感到

---

[1] *The Shaping of a Behaviorist. Part Two of an Autobiography*, New York, Alfred Knopf, 1979, p. 171.

不愉快甚至是厌恶的行为，然而该行为的好处（欢愉、喜悦以及减少或提前避免痛苦的出现）会在较长时间后体现出来；还是去完成一个令我们感到愉快的行为或者"逃避"行为，而该行为稍后表现出的结果会有悖于我们的初衷。我是该去运动一下（这种活动需要我付出一定的努力，但从长远来看是有益于身体健康的）还是该翻一翻我最喜欢的一本周刊？我是该看看电视新闻（一种简单而有趣的活动）还是该继续研究一个枯燥但是对我发表文章有所帮助的课题（一种效果无法当即显现且相对抽象的活动）？

作为智人，我们享受的最大特权之一便是制定诸如"在何种情况下，何种行为会导致何种后果"一类的口头规则，并且能够在头脑中想象出这些后果。当我们感到自己产生了做某件事的冲动时，有了这种后果的限制，我们就能够在一定程度上控制住自己了。

自我管理的困难在于，我们所期望的行动结果并不能当即显示出来，因此，这种结果比起立竿见影的结果来就显得有些无力了。如果可能的话，我们应该为自己制定一些"过渡性"的目标，并学着在接近这个目标时为自己感到高兴。我们无法在一夜之间就写出一篇手稿交付印刷，因此我们应该将从写稿到印刷的过程分为几个阶段，这样就可以在每个阶段都体会到实现目标的快乐：草拟临时的提纲，写作之前翻阅一些资料，将资料的阅读笔记整理出来，写下自己的构想并暂时忽略文风的问题，按照框架编写出具体内容，最后通读几遍。

最理想的结果便是在活动本身里体会到满足感（专业术语为"内部强化物"）。斯金纳曾写过，想要通过事先想象读者的反应来激励自己撰写一本著作是行不通的。真正能够有效强化写作行为的是解决问题和谜团，将混乱的思路整理清晰，写出赏心悦目的语句的成就感[1]。

我不得不承认,以斯金纳为榜样,我经常将跟自己对着干和批判他人作为自己的强化物。时任哈佛教授的斯金纳失去对工作的兴趣时,他就会找到一篇完全跟他意见相反的作者撰写的文章,看上几段。据他描述,这样做的效果就像连着喝了好几杯咖啡一样。我自己的手头也常备着拉康及其效仿者的作品,只要读上一两页这些不知所云的东西,我就会马上找回工作的状态,同时感到自己正在完成一项崇高的任务,即以完全能让学生理解为目的来准备自己的授课内容。长久以来,我一直将卡尔·波普尔[2]的一句话当成自己的座右铭:"简单明了是所有知识分子的道德义务:缺乏明晰是一种错误,妄自尊大更是一种犯罪。"揭穿故弄玄虚的作品成了我的强化利器。

最后,斯金纳的著作使我意识到,体会、自我观察、反省、想象、自言自语、思考等行为都取决于行为发生的背景、后果以及当时的机体状态。"思考即行动。"斯金纳一直在重复这句话。

诚然,我们的许多认知——还有行为——都是在我们无意识的情况下自动产生的。有些认知会忽然出现,而且让我们感到很不舒服(侵入性思维),我们只有将注意力转移到其他选定的事物上面才能摆脱这种思维。尽管如此,我们仍然能够在认知和行为出现后捕捉到它们,并对它们中的大部分进行修正。这就需要我们具备观察和分析的能力,并为自己制定"行为性"的目标,进行重

---

[1] *How to discover what you have to say : A talk to students*, The Behavior Analyst, 1981, 4, p. 1-7. Réédité dans Upon Further Reflexion, New York, Prentice-Hall, 1987, p. 138.

[2] 卡尔·波普尔(1902—1994),英国学术理论家,哲学家,批判理性主义创始人。

复性的练习[1]。

以他人为榜样，而不受他人左右

在大家眼里，作为心理学家，斯金纳认为人类只是基因和环境共同作用的产物，这其实是对他的一种误读。比起别人撰写的关于斯金纳的作品来，我更信任斯金纳自己的作品，并且从中体会到，从某种程度上来说，人类是自己生命的缔造者。我们有能力改变自己行为的各种决定性因素，以使其朝着我们选定的方向发展。

自从"背叛"了弗洛伊德学派以后，我再也不盲目信仰人格的力量了。尽管斯金纳被誉为二十世纪最伟大的心理学家，他却不是现代心理学的代言人，也不是我顶礼膜拜的人物。我之所以变成今天的自己，除了斯金纳，也是受到很多其他人影响的，包括我的同事、妻子、朋友、学生、患者以及不少心理学家，如巴洛[2]、埃利斯、贝克[3]、梅琴鲍姆[4]、塞利格曼[5]、海耶斯等，甚至还有爱比克泰德、塞内卡和蒙田等作家。斯金纳的作品是我绝佳的伙伴，帮助我将自己遭遇的打击转化成幸福快乐的源泉，而且我隐隐感觉到斯金纳也通过我帮助了我的学生和患者们。

---

[1] Pour des procédures concrètes, voir par exemple les pages sur le, *Pilotage Cognitif*, dans J. Van Rillaer, Psychologie de la vie quotidienne, Odile Jacob, 2003, p. 233-246; 269-272.

[2] 戴维·H. 巴洛（1942—   ），美国心理学家。

[3] 阿朗·贝克（1921—2021），美国精神病学家，认知行为疗法学派先驱。

[4] 唐纳德·梅琴鲍姆（1940—   ），美国心理学家，认知行为疗法学派代表人物。

[5] 马丁·塞利格曼（1942—   ），美国心理学家，正向心理学创始人之一。

名言警句

"什么才真正由你支配?思想的运用。"(爱比克泰德《手册》)

"当你怒火中烧,感觉无比糟糕时,想一想吧,人生苦短。不久之后,我们都会死去。"(马可·奥勒留[①]《沉思录》)

"如果将生活的乐趣比作珍贵的金子,那么它几乎不可能成块地出现,而是需要我们去一颗一颗地收集起来。"(博尔赫斯·斯金纳与玛格丽特·沃艮《享受晚年时光》)

[①] 马可·奥勒留(121—180),罗马帝国皇帝,哲学家,代表作品为《沉思录》。

第十四章　长期的痛苦：能够赋予生命以意义的力量

邦雅曼·舍恩多尔夫　心理学家、认知行为疗法心理医生，将接受与实现疗法引入法国的先驱之一，曾多次组织关于接受与实现疗法和认知行为疗法的教学活动。在莱茨出版社出版的主要著作有《面对痛苦：通过接受与实现疗法来选择生活，放弃斗争》（2009年）等。

我想与各位读者分享一下安东尼的经历。安东尼是我的一名患者，他让我意识到，在治疗慢性疾病与残障的过程中，为自己的人生价值而努力对于患者来说是一种多么大的动力。

安东尼允许我讲述他的经历，我对他的勇气表示崇高的敬意。在得到他的同意之后，我修改了几个关于身份的细节，包括他的名字和职业，以最大限度保护他的隐私。我深知，他之所以允许我写他的故事，是出于帮助他人的意愿，我在此也要替其他患者向他表示感谢。

事故、后遗症及治疗过程

安东尼今年三十岁，是名珠宝匠。他有一双异常灵巧的手，也非常热爱自己的职业，每天都废寝忘食地工作。他还是运动健将，有很多志同道合的朋友和他一起登山、骑自行车以及参加摩托车运动。三年前，他从自己的摩托车上摔了下来。如今他已经记不起事故的细节了，只记得事故并不是由和其他机动车发生碰撞引起的，而且他开得并不快,还戴了头盔,但他的头还是重重地撞到了车道上。

几天的住院观察过后,安东尼回到家里,重新过上了正常的生活,并没有表现出明显的后遗症。但是,几周后,在一次长途自驾旅行途中,他忽然感到头部和肩部的肌肉一阵紧张。他的头渐渐歪向右侧,几乎无法保持正常的姿势,开车对他来说变得越来越难,也越来越痛苦。此外,他还感到颈部和右肩处的肌肉发生了剧烈的紧张和痉挛。接下来的几周里,这种疼痛和肌肉紧张感有增无减,痉挛的次数也越来越多,导致他越来越难以完成其工作所需的精准动作。

安东尼找到了医生,后者把他转交给了一名神经科医生。这名医生将他的症状诊断为痉挛性斜颈,并建议他进行几次运动疗法治疗。医生为他进行了肌肉和神经测试,却未能检测到其症状的生理原因,他们甚至不能确定他的斜颈是否真的与那次事故有关。

尽管医生没有下定论,安东尼的状态却显然是不正常的,而且他的痛苦在与日俱增。于是医生为他开了几针保妥适,这是一种以肉毒素为主要成分的强力肌肉松弛剂,因其在整容行业的使用而出名。然而他很快又不得不重新申请了无限期病假,这一次,医生建议他接受认知行为疗法治疗。

初次邂逅

事故发生四个月之后,安东尼来到了我的诊室,看上去心烦意乱。他怀疑医生未能找到斜颈的病因,于是医生想尽快摆脱掉他,把他的症状归结为心理问题。我很清楚,这样的念头确实会激怒他。事实上,安东尼并未患上心理疾病,也没有过病史。他的工作和生活都十分和谐,他既不感到焦虑,也不感到抑郁。他的家庭关系十分正常,而且他有很多朋友,其中不乏故交。安东尼的感情史比较丰富,但至今没有找到能够真正一起生活的伴侣。出车祸的时候,安东尼是单身状态。请了病假以后,由于他的公寓要进行装修,安东尼搬回了父母家。总体来说,他是一个能引起他人好感的人，而且意志坚定，十分自信。

我们的第一次会面情况还是不错的，安东尼同意进行治疗，毕竟这是医生的指示。但他并没有隐藏自己对于认知行为疗法是否会特别见效的怀疑，因为说到底，他的症状是生理上的。之前围绕他病情的各种尝试性治疗似乎都让他不太满意。一般的肌肉松弛剂和止痛药只能短暂地缓解他的症状，而运动疗法效果也并不显著，于是他对保妥适注射给予了很大希望。

保妥适确实缓和了他肩颈部的肌肉紧张状况，但仍然无法让他保持正常姿势。保妥适的缓解效果只持续了几周时间，而两次注射之间的间隔时间又是有严格要求的，于是安东尼只能干等着下一次注射。他的神经科主治医生始终拿他的病情毫无办法，安东尼只好再去寻找其他的治疗手段。

落入抑郁的旋涡

安东尼盼着能有一位医生找到他的病因，然后为他指定一种能直接解决问题的疗法。他难以承受病因和疗法始终未知的状态，而且痉挛的疼痛和频率使他每天不得不在床上躺很长一段时间，全神贯注于疼痛，一心只想让自己好受一些。当他终于能从床上爬起来时，通常就会坐到电脑前开始玩网络游戏。对他来说，这是逃避痛苦的一种有效途径。从前的他从未有过抑郁情绪，如今却开始胡思乱想了。

自我封闭

该怎么向周围的人谈起自己这种无法解释的疾病呢？别人会怎么看他？这样衰弱的安东尼，家人和朋友还能忍受多久？这次病假还要休多长时间？别人会渐渐开始把他视为一个怪人，他再也无法接近任何女孩了。他该如何忍受这一暴露在外的弱点？他会变成什么样子？

渐渐地，我发现安东尼开始自我封闭，他的精神状态也明显趋于低迷，心情也跟着变得很糟糕，并且他的恼火逐渐演变成了愤怒。他很担心自己会对止痛药和肌肉松弛剂产生依赖，但是为了能和朋友一起出去玩，他有时会加大药量，还开始酗酒。医生不允许他进行运动，他自己也有些害怕参加各种体育运动，因为通常第二天要为此付出剧烈疼痛的代价。走在街上时，他担心别人会对他的姿势产生好奇。当有陌生人与他擦肩而过时，他会十分痛苦地努力让自己的身体直起来，看上去正常一些。他再也不敢接近异性。他的雇主更担心的是错过赚钱的机会而不是安东尼的康复问题，因此他们之间的关系开始恶化。他渐渐觉得自己无药可救了，生活再也不会恢复从前美好的样子了。他曾经能够完全主宰自己的生活，而如今却要受现代医学不确定性的摆布，受身体不便的摆布，受社会声音的摆布。这样一种处境是他无法忍受的。他曾经一直认为在生活中要做强者，表现和承认自己的弱点肯定就意味着出局。现在，安东尼感到再也无法控制自己的生活了，并逐渐陷入了抑郁的痛苦旋涡。

第一战：认知行为疗法

起初，我想通过我当时正在使用的传统认知行为疗法来帮助安东尼。我向他推荐了放松疗法训练，但他进行一番尝试后只得到了一种效果：训练引起了更加严重的痉挛。他在摇椅上明显是全身紧绷的状态。三次训练后，我们不得不放弃放松疗法。

在思想上下功夫

接下来，我们试着分辨出束缚着安东尼的那些思想。在谈话中，我让安东尼重新审视一下这些思想，并将它们与现实进行对比。周围的人真的认为他是个负担吗？他有什么证据？然而，这次尝试也只有一种效果：安东尼更加确信自己的抑郁想法是有理可循的。

对安东尼的治疗深深地陷入了困境。引起安东尼心理问题的是生理原因，而且这种生理疾病是有可能被治好的，于是他深信，在生理疾病痊愈之前，所有的心理治疗都不会有太大作用，只能让他心里不那么堵得慌而已。对他来说，心理咨询就是"倒苦水"用的，而安东尼的"苦水"明显在与日俱增！看到他如此轻视心理治疗的潜在效果，我感到有些伤心。我无法接受我们的治疗不能帮助安东尼在生活中前进——哪怕是带着他的身体障碍——的想法。

我们在这种简单的"闲聊式"疗法（由于治疗方向不明，有一天，当我向安东尼表达我的受挫感时顺口用了这个词，于是它就成了我们之间的一个笑料）上卡了壳，于是我向安东尼推荐了一种强度更大的疗法。安东尼有些犹豫，他说，毕竟心理疗法是无法治愈神经性疾病的。我们俩都对治疗感到很失望，我明显可以看出安东尼很生气，却时常不知道该如何平息他的怒火。我开始怀疑，安东尼之所以这么抵触心理治疗，有可能是源于这样一种观念：如果心理治疗使他的情况好转，那么也就证实了之前其他医生的怀疑，即他的疾病其实是心身性的……然而，安东尼需要的是别人无条件地承认并接受他的状况以及他正经受痛苦折磨的事实。

与患者建立联系

因此，我选择相信他的经历，他的问题，他有多么痛苦、多么失望。我承认心理治疗无法解决他生理上的问题，并迫使自己尽最大努力去体会目前他所面对的巨大困难——他所接受的生理治疗带给了他虚幻的希望，这又更让他举步维艰。我的目的是与安东尼和他的经历重新建立联系，为此我要敞开胸怀，设身处地地体验目前的状况带给安东尼的绝望。我们之间的关系开始变得融洽，而且越来越融洽。每当我和安东尼重新建立起联系时，我都会耐心地请安东尼认真想一想，心理治疗是否确实有可能使他换一个角度来面对自己的处境，并帮助他重新找回精彩的生活之路。"我的脖子要总是这个样子，那就绝对不可能！"他总是这样答道，"另外，我得给您打个预防针，如果这辈子都这样的话，我宁可一枪崩了自己！"

安东尼的处境深深地触动了我，看到他陷在痛苦中无法自拔，我感到很伤心，对他的治疗也成了我的负担。我承认，有时我都快要无法忍受安东尼没完没了的抱怨了。尽管我知道他有"倒苦水"的需要，但我不明白的是，他在我面前这样高声反复地抱怨能对他的康复有什么帮助？

第二战：接受与实现疗法

接手安东尼时，我对传统的认知行为疗法并不是很有经验，否则情况应该会更好一些。不管怎样，在见到安东尼后，我开始接触新一代的认知行为疗法，尤其是接受与实现疗法，该疗法旨在培养患者接受现实并建立人生价值的能力。于是我向安东尼提议谈一谈他的价值观以及在生活中对他来说最重要的东西。起初，他对我说，只要身体障碍还在，对他来说唯一最重要的事情就只能是摆脱掉它。他谈到了身体障碍阻挠他去完成的人生目标：在事业上有所发展并成立自己的公司，组建家庭，参加体育竞赛，与朋友组织登山活动等。说着说着，他的脸色就开始变得阴沉，我能看出他感到很痛苦。他不愿再说下去了。于是我建议安东尼换一个稍微有些不同的话题，少一些关于人生目标的内容，多一些关于人生价值的思考，这也是接受与实现疗法中的一项建议。

要人生价值，不要人生目标

首先，从接受与实现疗法的角度来看，人生价值其实是你所选择的人生方向，而不是人生目标。选择人生方向，就好比选择一路向西。一路向西并不是一个可以达成的目标，因为我们可以一辈子一直向西走下去。一旦停下来，无论你走的是哪条路，你都不再是向西行走的状态了。无论你走得快慢，你都既没有离西方更近，也没有离西方更远。其次，根据接受与实现疗法理论，人生价值就如同前进的方向，它代表的是你当时所选择采取的行动的性质，而非这一行动的结果。如果你根据人生目标而不是人生价值来确定自己的人生方向，那么就会面临两种风险：未能实现目标的话，人生将失去意义；实现了目标的话，接下来又该去向何方呢？最后，根据接受与实现疗法理论，人生价值是你为自己自由选择的方向，而不应是外界，无论是亲友、社会还是心理医生，施加给你的。

朝着人生价值努力

于是，我向安东尼推荐了一种基于接受与实现疗法的练习，旨在使他辨识出在生活中一些重要的价值观。我的构想是帮助他碰触到他的某些优秀品质，这些品质是他无论身体状况如何都希望能通过自己的行动来表现的。我希望为他创造一个平台，使他能自主选择通过何种行动朝着人生价值的方向前进，而且是带着这种身体障碍前进，并从现在开始行动，不再坐等痊愈的那一天。当然，他现在力所能及的行动可能达不到他没有身体障碍时的效果。然而，如果他现在能为了实现人生价值而义无反顾地行动，我相信这些行动能够帮助他找回那条值得一走的人生之路。我自己也有过类似的经历，在人生某个异常困难的时期，我就曾体会到为自己的人生价值而行动是多么大的一种动力，因此我更加相信这些行动的效果。

为自己的行为赋予意义

通过围绕着价值观的探讨,我们得出这样一个结论:对于安东尼来说,为社会做出贡献,帮助他人,培养亲情和友情以及照看好自己的身体是他重要的人生价值。于是我建议安东尼将自己的人生价值作为努力的方向。有那么一阵子,我感到我们之间的气氛轻松了起来,而且我们都投入了一些感情。接下来,很快,安东尼的消极思想又重新占了上风,并在他耳边低语,说疾病痊愈之后他才有可能开始新的生活。看到安东尼买了这种思想的账,我感到心里一紧。然而,我同时也感到我们之间发生了某种重要的变化,并建立起了更加牢固的联系。似乎有一小片空间被清理出来,而将来的某一天,安东尼便会选择在这片空间中前行,我们的治疗也似乎看到了新的曙光。

我们的治疗一时还没有多大的进展,安东尼仍然处于十分抑郁的状态,仍然寄希望于与神经科医生的下一次见面和希望渺茫的手术。他与治疗团队之间的关系也并无太大改善,他的情绪还是一如既往地低落。他来心理咨询的次数也逐渐变少了。

学会与自己的思想保持距离

现在我与安东尼每三周见一次面,他从没有错过一次见面。我们会谈论他最近碰到的困难,也会谈到他的价值观。我努力帮助他与他的消极思想拉开一段距离。正面批判安东尼的思想并未真正见效,于是我决定使用间离法——用接受与实现疗法术语来说就是"认知离解"——来帮助安东尼与他的思想彻底拉开距离。我的目的是教会安东尼将脑中的胡思乱想与他深层的自我区分开来。我以比喻的方法,鼓励安东尼将自己的思想看成是自己的顾问而不是现实。我问他:"把你的思想看作是一名业务水平很高的销售代表。如果你要买他推销给你的东西,最后付账的是谁?如果你想在生活的道路上前进,你是不是应该听信其建议对你真正有益的思想，而非最具说服力的思想呢？"我最终成功地让安东尼接受了他自己的消极思想，同时又不会强迫他去服从它们或被它们打倒。

通过与自己的思想保持一定距离，安东尼已经能够更直接地碰触到自己的人生价值和内心世界了，尽管现在的状况仍然带给他很大的不便。在这段自由的距离上，他终于能够采取一些行动，哪怕是最微不足道的行动，来体现自己的人生价值和心灵的选择，而不再继续做伤感的囚徒。

为人生价值而行动

我记得有一天，他决定帮助母亲翻修厨房，并主动要求粉刷一小块墙壁。他脑子里的小声音又开始提醒他，说从前的他可以干得更快更好，并劝他放弃，而安东尼却选择坚持完成这项工作，以体现自己乐于奉献的人生价值。这样做的代价便是剧烈的疼痛，而且第二天他不得不躺了好几个小时。但当他向我提起此事时，我从他的声音里判断出，他终于碰触到了自己在朝着人生价值的方向前进时所采取的行动的特性，这一重要的特性是大脑所看不到的，只有用心才能看到。通过采取这些行动，尽管痛苦或者消极的情绪与思想仍然左右相伴，安东尼的生活却似乎有了些许的明朗。上述的特性还有这样一种作用：一旦我们体会到了朝着人生价值的方向前进时所采取的行动的"甜头"，我们便会继续如是行动下去。

行动已然开始，但事情的进展却很慢，非常慢。我时常会觉得，身体在短期内能够痊愈的可能性仍然使安东尼更倾向于持等待和观望的态度，而懈于行动。不过，表象之下，安东尼还是在悄然进步的。与父母共同生活对于安东尼来说变得难以承受，他开始计划回到自己的公寓里，重新自立起来。他的一位退休的邻居一直梦想做一门生意,于是有一天,安东尼主动提出帮这位邻居研究一下生意的可行性。接下来的几周里,他总是定期去拜访这位邻居,协助他更好地制订生意计划。

渐渐地,我感到他来咨询时我们之间的关系非常融洽,我也能更轻松地与他进行对话,安东尼在交流中也表现得更积极。他的身体状况并没有明显好转,医学诊断结果仍然很不明确。他依然在等待毫无确定性可言的神经科手术治疗,但他的抱怨明显减少了。他明显能够更积极地审视自己的思想,更倾向于纯粹地看待自己的思想,而不是盲从其指引,在我们的对话中,他也不再那么卖力地为自己的思想辩护了,我们之间出现了一种新的互动方式。

让我感触最深的是,他的选择不再那么依赖头脑中的思考结果,而是更遵从心灵的指引。我与安东尼之间的关系和沟通仍在持续改善。尽管抑郁情绪和消极思想依旧存在,安东尼还是坚定地选择不与朋友们失去联系。他经常给他们打电话,而且会定期地组织与他们一起出行的活动。在心理治疗伊始,安东尼一直深信,自己的身体变成了这样,肯定没有一个朋友愿意再与他保持联系。但随着治疗的推进,他越来越愿意为自己能成为一名合格的朋友而努力。安东尼学会了在朋友遇到困难时陪伴在他们身边。有一天,他告诉我,他热心地决定坐长途汽车去探望一位正经历严重婚姻危机的朋友,尽管这给他造成了身体上的巨大痛苦。听了他的话,我十分感动。渐渐地,安东尼的抑郁情绪消散了。我们在心理咨询中彼此更加以诚相待,而且更多地着眼于他为实现人生价值而采取的行动。

一天,安东尼说他前段时间曾报名做志愿者,帮助那些学业上有困难的孩子。不过他的申请被拒绝了,因为他学历不够。还有一次,他的一个朋友提到想与他人合作成立一个两轮车维修部,于是安东尼便入伙了，并为能用上自己在机械方面的知识而感到十分高兴。另外，他重拾了与朋友一同建立一家手工饰品工坊的梦想。出于身体健康的考虑，他还决定缩短坐在电脑前的时间，之后发现自己的肌肉紧张现象得到了缓解，尽管还没有彻底消除并且仍然伴随着疼痛。

了解人生重要之事可赋予人生以意义

如今，安东尼看上去变了许多。不过，他的身体状况并没有本质上的改变，他仍然有着严重的身体障碍，痉挛性斜颈扭曲了他的正常身体姿态，并给他造成了巨大的痛苦，他的运动机能也因此下降了许多。问题出现的第四个年头，他仍然不确定自己是否还有可能痊愈。然而，在今天，安东尼已经重新踏上了值得为之一搏的人生之路。

当我问安东尼在心理治疗过程中谈得最多的是什么话题时，他毫不犹豫地回答说："是人生价值和在人生中对我来说真正重要的东西。"我们的治疗花了很长时间才慢慢成形，并通过间离法，即认知离解使使安东尼无视自己的思想，以自己的方式体现着在他看来最重要的优点。

探索人生价值：有效的治疗途径

我之所以选择与各位读者分享这段经历，是因为它反映出了探索人生价值对于开导受慢性痛苦所困扰的人来说是多么有效。接触到人生中真正重要的东西能够让每个人都找回那条充满意义的人生之路。这种建立在接受与实现疗法以及语言智能研究基础上的对人生价值的探索还能丰富认知行为疗法理论并促进其发展。此外，接受与实现疗法还被美国心理学会认定为针对慢性痛苦的有效心理疗法之一，同时也是唯一能够针对所有类型的慢性痛苦的有效心理疗法。在安东尼的治疗过程中，他面对痛苦和不确定因素的勇气以及在最绝望的时期仍继续保持前进的决心打动了我。当治疗着眼于探讨安东尼的人生价值时，我们之间建立了一种深层次的联系，这一点对我触动也很大。我在安东尼的授权下与各位读者分享这次经历的目的，是希望帮助其他正在承受巨大痛苦的人慢慢走上探寻人生价值之路，并马上通过行动来将自己的人生价值体现出来。我还希望这次经历能够促使其他心理医生与自己的患者展开讨论人生价值的对话，他们终会发现这样的对话有多么重要。